Dr. M. Govindarajan

Anopheles

Dr. M. Govindarajan

Anopheles

O vetor da malária

ScienciaScripts

Imprint

Any brand names and product names mentioned in this book are subject to trademark, brand or patent protection and are trademarks or registered trademarks of their respective holders. The use of brand names, product names, common names, trade names, product descriptions etc. even without a particular marking in this work is in no way to be construed to mean that such names may be regarded as unrestricted in respect of trademark and brand protection legislation and could thus be used by anyone.

Cover image: www.ingimage.com

This book is a translation from the original published under ISBN 978-620-7-99834-0.

Publisher:
Sciencia Scripts
is a trademark of
Dodo Books Indian Ocean Ltd. and OmniScriptum S.R.L publishing group

120 High Road, East Finchley, London, N2 9ED, United Kingdom
Str. Armeneasca 28/1, office 1, Chisinau MD-2012, Republic of Moldova, Europe
Printed at: see last page
ISBN: 978-620-8-07689-4

Sobre o autor

O Dr. M. Govindarajan é um académico altamente qualificado, tendo obtido o seu B.Sc. em Zoologia no Government Arts College (Autónomo), Kumbakonam. Prosseguiu os seus estudos, obtendo os graus de M.Sc., M.Phil. e Ph.D. na Universidade de Annamalai, Annamalainagar, com a notável distinção de ter obtido a primeira classificação e recebido uma medalha de ouro durante os seus estudos de M.Phil. O seu percurso profissional incluiu o cargo de professor assistente no Departamento de Zoologia da Universidade de Annamalai. Atualmente, ocupa o cargo de professor assistente no Departamento de Zoologia do Government College for Women (Autónomo), Kumbakonam. Além disso, dá contribuições valiosas como professor adjunto na Universidade de Chandigarh, Punjab, Índia. A sua investigação centra-se no isolamento, identificação e caraterização de moléculas biologicamente activas de plantas e micróbios. Nomeadamente, identificou mais de 20 compostos puros com fortes propriedades mosquitocidas. É conhecido pela sua investigação de alta qualidade em fitoquímica e nanotecnologia, tendo feito progressos significativos nestes domínios. O seu percurso académico é marcado pela excelência e pela dedicação ao avanço do conhecimento científico.

É um autor prolífico, com 300 artigos académicos e 120 livros reconhecidos internacionalmente. Também supervisionou candidatos a M.Phil. e Ph.D. e é examinador de provas em várias instituições. As suas contribuições editoriais estendem-se a várias revistas nacionais e internacionais. O Dr. Govindarajan tem projectos de investigação importantes, financiados pelo DST, UGC, ICMR e TANSCHE. A sua dedicação ao mundo académico e à investigação foi reconhecida com o Shiksha Rattan Puraskar da Sociedade de Amizade Internacional da Índia, em Nova Deli, e detém a prestigiosa distinção de estar classificado entre os melhores cientistas do mundo pela Universidade de Stanford, nos Estados Unidos.

ÍNDICE

Introdução

Os mosquitos *Anopheles* e a malária estão intimamente ligados no domínio da saúde global, representando um desafio significativo para o bem-estar humano, particularmente nas regiões onde estes mosquitos se desenvolvem. Vamos aprofundar uma introdução a ambos:

Os mosquitos *Anopheles* pertencem a um género da família Culicidae e são famosos pelo seu papel como vectores da malária. Ao contrário de muitos outros mosquitos que se alimentam principalmente de néctar de plantas, as fêmeas dos mosquitos *Anopheles* necessitam de refeições de sangue para o desenvolvimento dos ovos. É durante estas sessões de alimentação de sangue que podem transmitir os parasitas Plasmodium responsáveis pela malária.

Os mosquitos *Anopheles* são identificáveis por certas caraterísticas, incluindo as suas peças bucais alongadas, que utilizam para perfurar a pele e extrair sangue. Também se distinguem pela presença de palpos, que são apêndices sensoriais perto das suas peças bucais, que ajudam a localizar os vasos sanguíneos durante a alimentação.

Estes mosquitos reproduzem-se em vários habitats aquáticos, desde pequenas poças a grandes massas de água, como pântanos, charcos e arrozais. Os seus locais de reprodução são frequentemente caracterizados por água estagnada ou de movimento lento, onde depositam os ovos à superfície da água ou em objectos perto da água.

A malária é uma doença potencialmente fatal causada por parasitas *Plasmodium*, que são transmitidos aos seres humanos através da picada de fêmeas infectadas de mosquitos *Anopheles*. Várias espécies de *Plasmodium* podem infetar os seres humanos, incluindo *P. falciparum, P. vivax, P. malariae* e *P. ovale*. Entre estas, o *P. falciparum* é a espécie mais mortífera e responsável pela maioria das mortes relacionadas com a malária.

Uma vez dentro do corpo humano, os parasitas *Plasmodium* viajam até ao fígado, onde se multiplicam e amadurecem antes de entrarem na corrente sanguínea e infectarem os glóbulos vermelhos. Isto resulta num ciclo de febre, arrepios, suores e outros sintomas semelhantes aos da gripe, caraterísticos da malária. Em casos graves, a malária pode levar a complicações como falência de órgãos, coma e morte, especialmente em crianças pequenas e mulheres grávidas.

Os mosquitos *Anopheles* e a malária representam uma interação complexa entre vectores e agentes patogénicos, colocando desafios significativos à saúde mundial. Os esforços para controlar a malária envolvem uma abordagem multifacetada, incluindo medidas de controlo dos vectores, a utilização de medicamentos antimaláricos e a investigação em curso sobre novas estratégias de prevenção e tratamentos. Para fazer face ao fardo da malária, são necessários esforços concertados, tanto à escala local como global, para atenuar o seu impacto nas populações e comunidades vulneráveis de todo o mundo.

CAPÍTULO- 2

TAXONOMIA E DIVERSIDADE DE ESPÉCIES DE ANOPHELES

Os mosquitos *Anopheles* pertencem à família Culicidae e são os principais vectores da malária, transmitindo os parasitas Plasmodium que causam a doença. O género *Anopheles* inclui centenas de espécies distribuídas por todo o mundo, com diferentes capacidades de vectorização, comportamentos de picada e preferências ecológicas. Aqui está uma visão geral da taxonomia e da diversidade de espécies de *Anopheles*:

Taxonomia:

A taxonomia dos mosquitos *Anopheles* envolve a classificação destes insectos em várias categorias hierárquicas com base nas suas caraterísticas morfológicas, genéticas e ecológicas. Aqui está uma visão geral da taxonomia dos mosquitos *Anopheles*:

Reino: Animália

Filo : Arthropoda

Classe : Insecta

Ordem : Diptera

Família : Culicidae

Dentro da família Culicidae, os mosquitos *Anopheles* pertencem à subfamília Anophelinae. A taxonomia dos mosquitos *Anopheles* está ainda organizada em géneros, subgéneros e grupos de espécies com base em caraterísticas morfológicas como a venação das asas, a estrutura antenal e a morfologia do palpo. Aqui está uma visão geral simplificada da hierarquia taxonómica dentro do género *Anopheles*:

Género: *Anopheles*

Série ou Complexo: Algumas espécies são agrupadas em séries ou complexos com base em caraterísticas morfológicas partilhadas ou parentesco genético.

Grupo de espécies: As espécies de uma série ou complexo são posteriormente organizadas em grupos de espécies com base em semelhanças genéticas e morfológicas.

Espécie: O nível taxonómico mais baixo, em que as espécies individuais são identificadas com base em caraterísticas morfológicas específicas e marcadores genéticos.

É importante notar que a taxonomia dos mosquitos *Anopheles* é complexa, com numerosas espécies que exibem variações na morfologia, comportamento e ecologia. Os avanços na genética molecular e na filogenética permitiram compreender as relações evolutivas entre as espécies de *Anopheles* e levaram a revisões da sua classificação taxonómica. Os complexos de espécies crípticas, em que espécies morfologicamente semelhantes são geneticamente distintas, complicam ainda mais a taxonomia *dos Anopheles*.

A identificação exacta das espécies é crucial para compreender a distribuição, a ecologia e a capacidade de vectorização dos mosquitos *Anopheles*, bem como para conceber intervenções específicas de controlo da malária. Os conhecimentos taxonómicos, as chaves morfológicas e as ferramentas moleculares são essenciais para resolver as incertezas taxonómicas e elucidar a diversidade dentro do género *Anopheles*.

Diversidade de espécies:

Os mosquitos *Anopheles* apresentam uma notável diversidade de espécies, com centenas de espécies reconhecidas e distribuídas por todo o mundo. Esta diversidade engloba variações na morfologia, comportamento, preferência de habitat e capacidade de vectorização. Eis um resumo da diversidade de espécies do género *Anopheles*:

Distribuição global:

Os mosquitos *Anopheles* encontram-se em todos os continentes, exceto na Antárctida, habitando uma vasta gama de ecossistemas, desde as florestas tropicais até às savanas áridas e às regiões temperadas.

Diferentes espécies de *Anopheles* adaptaram-se a diversos nichos ecológicos, incluindo locais de reprodução em água doce, como rios, riachos, pântanos, arrozais e charcos temporários de água da chuva.

Número de espécies:

O número exato de espécies de *Anopheles* é debatido, mas as estimativas sugerem que existem mais de 400 espécies reconhecidas dentro do género.

A riqueza de espécies varia consoante as regiões geográficas, sendo as regiões tropicais, particularmente na África Subsariana, as que apresentam a maior diversidade de espécies.

Principais espécies de vectores:

Embora existam centenas de espécies de *Anopheles*, apenas um subconjunto é reconhecido como vetor significativo de parasitas da malária humana (*Plasmodium* spp.).

As principais espécies de vectores incluem membros do complexo *Anopheles gambiae* (por exemplo, *Anopheles gambiae*, *Anopheles coluzzii*), o grupo *Anopheles funestus* (por exemplo, *Anopheles funestus*) e outras espécies com capacidade vetorial eficiente.

Diversidade ecológica:

As espécies de *Anopheles* apresentam uma diversidade ecológica, com variações nas preferências dos locais de reprodução, nos habitats das larvas e no comportamento de repouso dos adultos.

Algumas espécies preferem reproduzir-se em corpos de água limpos e iluminados pelo sol, como piscinas rasas e campos de arroz (por exemplo, *Anopheles arabiensis*), enquanto outras se desenvolvem em ambientes mais poluídos ou sombreados (por exemplo, *Anopheles dirus*).

Variação comportamental:

Os mosquitos *Anopheles* apresentam diversos comportamentos alimentares, incluindo preferências por se alimentarem de seres humanos (antropofilia) ou animais (zoofilia), bem como exofagia (alimentação no exterior) ou endofagia (alimentação no interior).

Os traços comportamentais influenciam a capacidade vetorial e a dinâmica de transmissão da malária, com espécies altamente antropofílicas e endofágicas que representam maiores riscos de transmissão da malária.

Complexos de espécies crípticas:

➢ Em certos grupos de espécies de *Anopheles*, existem espécies crípticas que são morfologicamente indistinguíveis mas geneticamente distintas.

➢ Os complexos de espécies crípticas, como o complexo *Anopheles gambiae* e o grupo *Anopheles funestus*, representam desafios para o controlo e investigação da malária devido às variações de comportamento e capacidade de vectorização entre as espécies crípticas.

➢ Compreender a diversidade de espécies dos mosquitos *Anopheles* é essencial para conceber estratégias eficazes de controlo da malária adaptadas a populações específicas de vectores e a contextos ecológicos. Os conhecimentos taxonómicos, as ferramentas moleculares e os estudos ecológicos contribuem para o nosso conhecimento da diversidade de *Anopheles* e das suas implicações para a transmissão e o controlo da malária.

Principais espécies de vectores:

Entre as centenas de espécies de *Anopheles*, apenas um subconjunto é reconhecido como o principal vetor da malária, transmitindo os parasitas *Plasmodium* responsáveis pela doença. Estas espécies de vectores apresentam capacidades de transmissão eficientes, elevada antropofilia (preferência por se alimentarem de seres humanos) e endofagia (alimentarem-se dentro de casa), o que faz com que contribuam significativamente para a transmissão da malária em regiões endémicas. Eis algumas das principais espécies vectoras de mosquitos *Anopheles*:

Complexo *Anopheles gambiae*:

Espécies: *Anopheles gambiae, Anopheles coluzzii* (anteriormente formas moleculares M e S de *Anopheles gambiae*, respetivamente) e *Anopheles arabiensis.*

Distribuição: Encontrado predominantemente na África subsariana, particularmente em áreas com elevada transmissão de malária.

Caraterísticas: Vectores altamente eficientes com forte antropofilia e endofagia. *O Anopheles gambiae* e *o Anopheles coluzzii* são os vectores primários em muitas partes de África, enquanto *o Anopheles arabiensis* é mais oportunista no seu comportamento alimentar e nas suas preferências de reprodução.

Grupo *Anopheles funestus*:

Espécies: *Anopheles funestus, Anopheles rivulorum, Anopheles leesoni,* entre outras.

Distribuição: Amplamente distribuída pela África subsariana, com preferência pela reprodução em massas de água permanentes, como pântanos, lagos e rios.

Caraterísticas: *O Anopheles funestus* é um vetor altamente eficiente com forte antropofilia e endofagia. É conhecido pela sua capacidade de transmitir parasitas da malária mesmo em baixas densidades.

Complexo *Anopheles dirus*:

Espécies: *Anopheles dirus, Anopheles baimaii, Anopheles scanloni,* entre outras.

Distribuição: Encontrado principalmente no Sudeste Asiático, incluindo países como a Tailândia, Myanmar e Vietname, onde são importantes vectores de malária.

Caraterísticas: *Anopheles dirus* e espécies relacionadas exibem forte antropofilia e endofagia, reproduzindo-se em áreas florestais e contribuindo para a transmissão da malária em regiões rurais e florestais do Sudeste Asiático.

Anopheles darlingi:

Distribuição: Encontrada na América Central e do Sul, particularmente na Bacia Amazónica e regiões circundantes.

Caraterísticas: *O Anopheles darlingi* é o principal vetor da malária na região amazónica, apresentando forte antropofilia e endofagia. Sua presença em áreas rurais e periurbanas contribui para a transmissão da malária em diversos ambientes.

Anopheles stephensi:

Distribuição: Encontrada em áreas urbanas e periurbanas do Sul da Ásia e do Médio Oriente, incluindo países como a Índia, o Paquistão e o Irão.

Caraterísticas: *O Anopheles stephensi* é um importante vetor da malária urbana, reproduzindo-se em recipientes artificiais de armazenamento de água e em sistemas de esgotos. A sua capacidade de se desenvolver em ambientes urbanos coloca desafios ao controlo da malária em zonas densamente povoadas.

Estas principais espécies vectoras de mosquitos *Anopheles* desempenham um papel fundamental na transmissão da malária nas suas respectivas regiões geográficas. Compreender a sua ecologia, comportamento e capacidade de vectorização é essencial para a conceção de estratégias de controlo específicas destinadas a reduzir a transmissão da malária e, em última análise, atingir os objectivos de eliminação da malária.

Capacidade Vetorial e Comportamento:

Os mosquitos *Anopheles* apresentam comportamentos diversos e capacidades de vectorização variáveis, influenciando o seu papel na transmissão da malária. Compreender estes aspectos é crucial para um controlo eficaz da malária. Eis uma visão geral da capacidade de vectorização e do comportamento dos mosquitos *Anopheles*:

Capacidade Vetorial:

Definição: A capacidade vetorial refere-se à capacidade de uma espécie de mosquito transmitir parasitas da malária de indivíduos infectados para indivíduos não infectados.

Componentes: A capacidade vetorial depende de múltiplos factores, incluindo a longevidade dos mosquitos, a taxa de picada, a taxa de infeção por esporozoítos (a proporção de mosquitos infectados com parasitas da malária) e o índice de picada humana (a proporção de refeições de sangue tomadas de seres humanos).

Vectores eficientes: As espécies de *Anopheles* com elevada capacidade de vectorização, caracterizadas por elevadas taxas de infeção por esporozoítos e taxas de picada, são mais eficientes na transmissão dos parasitas da malária e na manutenção da transmissão da malária em zonas endémicas.

Complexo *Anopheles gambiae*: Os membros do complexo *Anopheles gambiae*, como o *Anopheles gambiae* e o *Anopheles coluzzii*, são conhecidos pela sua elevada capacidade de vectorização, contribuindo significativamente para a transmissão da malária na África subsariana.

Comportamento alimentar:

Antropofilia: Os mosquitos *Anopheles* exibem diferentes graus de preferência por se alimentarem de seres humanos (antropofilia) versus animais (zoofilia). As espécies com forte antropofilia são vectores mais eficientes de parasitas da malária humana.

Endofagia vs. Exofagia: Os mosquitos *Anopheles* podem apresentar diferentes comportamentos alimentares, incluindo a alimentação em ambientes fechados (endofagia) ou ao ar livre (exofagia). Os mosquitos que se alimentam em ambientes fechados têm maior probabilidade de entrar em contacto com os seres humanos e transmitir parasitas da malária durante a noite, quando as pessoas estão a dormir.

Exofilia: Algumas espécies de *Anopheles* exibem exofilia, preferindo descansar ao ar livre depois de se alimentarem. Este comportamento coloca desafios às intervenções de controlo de vectores em recintos fechados, como os mosquiteiros tratados com inseticida (MTI) e a pulverização residual em recintos fechados (PRI).

Preferências de reprodução:

Locais de reprodução: Os mosquitos *Anopheles* reproduzem-se numa variedade de habitats de água doce, incluindo massas de água naturais como rios, ribeiros, pântanos e lagos, bem como recipientes artificiais, campos de arroz e valas de irrigação.

Preferência de habitat: Diferentes espécies de *Anopheles* podem apresentar preferências por habitats de reprodução específicos, com algumas espécies a favorecerem massas de água limpas e iluminadas pelo sol (por exemplo, *Anopheles arabiensis*) e outras a prosperarem em ambientes mais poluídos ou sombreados (por exemplo, *Anopheles funestus*).

Distribuição temporal e espacial:

Variação sazonal: A abundância de mosquitos *Anopheles* e a transmissão da malária podem variar sazonalmente, influenciadas por factores como a precipitação, a temperatura e a humidade. O pico de transmissão ocorre frequentemente durante a estação das chuvas, quando os locais de reprodução dos mosquitos são abundantes.

Heterogeneidade espacial: A transmissão do paludismo pode variar espacialmente dentro das regiões endémicas, com certas áreas a registar uma maior intensidade de transmissão devido a factores ecológicos, comportamento humano e ecologia dos vectores.

A capacidade de vectorização e o comportamento dos mosquitos *Anopheles* são essenciais para a conceção e implementação de intervenções específicas de controlo da malária, tais como medidas de controlo de vectores (por exemplo, MTI, FII), gestão de fontes de larvas e abordagens baseadas na comunidade. Ao abordar aspectos fundamentais da ecologia e do comportamento do vetor *Anopheles*, os programas de controlo da malária podem reduzir eficazmente a transmissão da malária e atenuar o peso da doença em zonas endémicas.

Complexos de espécies e diversidade críptica:

Os mosquitos *Anopheles* apresentam uma diversidade genética complexa, o que leva à formação de complexos de espécies e a uma diversidade críptica dentro do género. Estes fenómenos colocam desafios à identificação de espécies, ao controlo de vectores e à investigação sobre a malária. Eis um resumo dos complexos de espécies e da diversidade críptica nos mosquitos *Anopheles*:

Complexos de espécies:

Definição: Um complexo de espécies é um grupo de espécies estreitamente relacionadas que são morfologicamente semelhantes e muitas vezes difíceis de distinguir utilizando métodos taxonómicos tradicionais.

Similaridade morfológica: Os membros de um complexo de espécies podem partilhar caraterísticas morfológicas externas semelhantes, tornando difícil a sua diferenciação com base apenas na aparência.

Diversidade genética: Apesar da semelhança morfológica, as espécies de um complexo podem apresentar divergência genética, reflectindo a divergência evolutiva e os processos de especiação.

Exemplos: Os complexos de espécies comuns de *Anopheles* incluem o complexo *Anopheles gambiae*, o grupo *Anopheles funestus*, o complexo *Anopheles dirus*, entre outros.

Diversidade críptica:

Definição: A diversidade críptica refere-se à presença de espécies geneticamente distintas que são morfologicamente indistinguíveis ou quase idênticas.

Diferenciação genética: As espécies crípticas apresentam divergências genéticas a nível molecular, muitas vezes impulsionadas por processos evolutivos como a deriva genética, a seleção e o isolamento geográfico.

Variação morfológica: Apesar da divergência genética, as espécies crípticas podem não apresentar diferenças discerníveis na morfologia externa, o que dificulta a sua identificação através de caracteres taxonómicos tradicionais.

Desafios para a identificação: A diversidade críptica coloca desafios à identificação exacta das espécies, uma vez que as chaves morfológicas tradicionais podem não conseguir distinguir as espécies crípticas, conduzindo a erros de classificação e a uma subestimação da diversidade das espécies.

Exemplos: Os complexos de espécies crípticas são comuns entre os mosquitos *Anopheles*, particularmente no complexo *Anopheles gambiae* e no grupo *Anopheles funestus*, onde coexistem vários taxa geneticamente distintos mas morfologicamente semelhantes.

Implicações para o controlo e investigação da malária:

Controlo dos vectores: A presença de diversidade críptica nas principais espécies de vectores complica os esforços de controlo dos vectores, uma vez que diferentes taxa dentro de um complexo de espécies podem apresentar variações no comportamento, ecologia e capacidade de vectorização.

Ferramentas moleculares: As técnicas de genética molecular, como a sequenciação de ADN e a análise filogenética, são essenciais para resolver a diversidade críptica e elucidar as relações evolutivas entre espécies crípticas.

Vigilância e monitorização: A identificação exacta das espécies é crucial para a vigilância e monitorização das populações de vectores, uma vez que as variações na composição e abundância das espécies podem influenciar a dinâmica da transmissão da malária e a eficácia das intervenções de controlo.

Revisão taxonómica: As revisões taxonómicas baseadas em dados moleculares são necessárias para delinear com precisão os limites das espécies e atualizar os esquemas de classificação, melhorando a nossa compreensão da diversidade de *Anopheles* e as suas implicações para a transmissão da malária.

Diversidade entre espécies de *Anopheles* e sua distribuição geográfica:

Os mosquitos *do género Anopheles* apresentam uma diversidade notável em termos de riqueza de espécies, morfologia, comportamento e adaptações ecológicas. Esta diversidade é influenciada por factores como a localização geográfica, o clima, a disponibilidade de habitat e a história evolutiva. Aqui está uma visão geral da diversidade entre as espécies de *Anopheles* e a sua distribuição geográfica:

Riqueza de espécies:

Os mosquitos *Anopheles* representam um dos géneros mais diversos da família Culicidae, com centenas de espécies reconhecidas e distribuídas por todo o mundo. A riqueza de espécies refere-se ao número de espécies diferentes presentes num grupo taxonómico numa determinada área ou região. Eis um resumo da riqueza de espécies dos mosquitos *Anopheles*:

Diversidade global:

O género *Anopheles* engloba mais de 400 espécies reconhecidas, o que o torna um dos maiores e mais diversificados géneros de mosquitos.

As espécies de *Anopheles* encontram-se em todos os continentes, exceto na Antárctida, e habitam uma grande variedade de ecossistemas, desde as florestas tropicais até aos desertos áridos e às regiões temperadas.

Variação geográfica:

A riqueza de espécies varia consoante as regiões geográficas, sendo que as zonas tropicais e subtropicais apresentam geralmente uma maior diversidade do que as regiões temperadas.

As regiões com elevada riqueza de espécies incluem a África subsariana, o Sudeste Asiático, as Américas (particularmente a bacia amazónica) e partes das ilhas do Pacífico.

Hotspots de Biodiversidade:

Certas regiões são consideradas hotspots de biodiversidade para os mosquitos *Anopheles*, caracterizadas por uma riqueza de espécies excecionalmente elevada e por espécies endémicas.

As regiões tropicais com elevados níveis de biodiversidade, como a Bacia do Congo em África, a Sub-região do Grande Mekong no Sudeste Asiático e a Floresta Amazónica na América do Sul, são reconhecidas como hotspots de biodiversidade de Anopheles.

Espécies endémicas:

Muitas espécies de *Anopheles* são endémicas de regiões geográficas específicas, o que significa que só se encontram nessas áreas e em mais nenhuma.

As espécies endémicas apresentam frequentemente adaptações especializadas às condições ambientais locais e desempenham papéis importantes na dinâmica local de transmissão da malária.

Diversidade críptica:

Os complexos de espécies crípticas, em que espécies morfologicamente semelhantes são geneticamente distintas, contribuem para a riqueza de espécies nos mosquitos *Anopheles*.

Estudos de genética molecular revelaram espécies anteriormente não reconhecidas dentro de complexos como o complexo *Anopheles gambiae* e o grupo *Anopheles funestus*, aumentando a nossa compreensão da diversidade de espécies dentro do género.

Desafios taxonómicos:

➤ A classificação taxonómica dos mosquitos *Anopheles* pode ser um desafio devido às variações nos caracteres morfológicos, à sobreposição de caraterísticas entre espécies estreitamente relacionadas e à diversidade críptica.

➤ Os avanços na genética molecular e na filogenética melhoraram a nossa capacidade de distinguir entre espécies estreitamente relacionadas e de resolver incertezas taxonómicas.

➤ A riqueza de espécies e os padrões de biodiversidade entre os mosquitos *Anopheles* são essenciais para os esforços de controlo da malária, uma vez que ajudam a identificar as regiões com maior risco de transmissão da malária, a direcionar eficazmente as intervenções e a orientar as prioridades da investigação. É necessária uma investigação taxonómica contínua, inquéritos sobre a biodiversidade e estudos ecológicos para explorar e documentar melhor a diversidade das espécies de *Anopheles* e as suas implicações para a dinâmica da transmissão da malária.

Diversidade morfológica:

Os mosquitos *Anopheles* apresentam uma diversidade morfológica significativa, abrangendo variações no tamanho do corpo, coloração, venação das asas, estrutura das antenas e outras caraterísticas anatómicas. Esta diversidade reflecte adaptações a diversos nichos ecológicos, habitats de reprodução e comportamentos alimentares. Aqui está uma visão geral da diversidade morfológica observada nos mosquitos *Anopheles*.

Fig. Morfologia do mosquito *Anopheles*

Tamanho e coloração do corpo:

> *O* tamanho do corpo dos mosquitos *Anopheles* varia, sendo que algumas espécies são relativamente pequenas, enquanto outras são maiores.

> Os padrões de coloração do corpo, das patas e das asas podem variar consoante as espécies, desde cores claras ou escuras a marcas e padrões distintos.

Venação das asas:

> O padrão de venação das asas, incluindo a disposição das veias e a presença de marcas distintivas, é uma caraterística morfológica fundamental utilizada para a identificação das espécies.

> As variações nos padrões de venação das asas ajudam a diferenciar as diferentes espécies de *Anopheles* e fornecem caracteres taxonómicos importantes para a classificação.

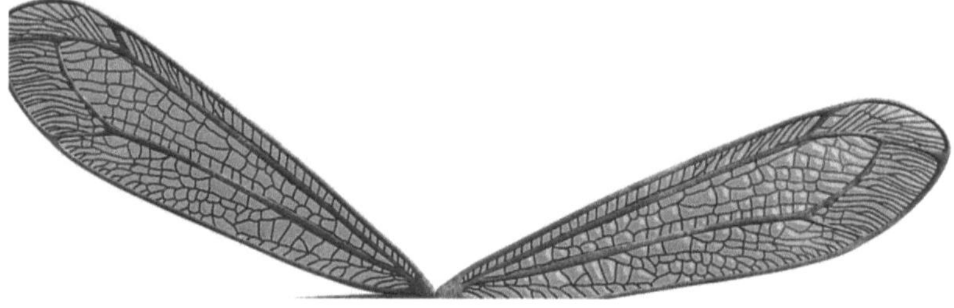

Fig: Venação da asa

Probóscide e peças bucais:

> A probóscide dos mosquitos *Anopheles* está adaptada para perfurar a pele dos hospedeiros e extrair refeições de sangue. Podem ser observadas variações no comprimento e na estrutura da probóscide entre as espécies.

> As peças bucais, incluindo o labrum, o labium e os estiletes, desempenham um papel na alimentação sanguínea e estão sujeitas a

adaptações morfológicas relacionadas com o comportamento alimentar e a preferência pelo hospedeiro.

Fig: Partes bucais de *Anopheles*

Estrutura antenal:

➢ Os mosquitos *do género Anopheles* possuem antenas longas e finas compostas por vários segmentos. A estrutura da antena, incluindo o número de segmentos e as estruturas sensoriais (por exemplo, sensilla), varia consoante as espécies.

➢ A morfologia das antenas é importante para a perceção sensorial, incluindo a deteção de sinais do hospedeiro (por exemplo, dióxido de carbono, calor corporal) e estímulos ambientais.

Caraterísticas torácicas e abdominais:

➢ O tórax e o abdómen dos mosquitos *Anopheles* apresentam caraterísticas morfológicas relacionadas com o voo, a reprodução e a perceção sensorial.

➢ Podem ser observadas variações nas estruturas torácicas e abdominais, como a presença de escamas, pêlos e órgãos sensoriais, entre as espécies.

Genitais:

> Os órgãos genitais masculinos e femininos apresentam caraterísticas morfológicas específicas das espécies, utilizadas para a sua identificação e classificação.

> As caraterísticas morfológicas dos órgãos genitais masculinos, incluindo a forma e a estrutura dos clípeos e dos parameros, são importantes para distinguir as espécies estreitamente relacionadas.

Morfologia do ovo e da larva:

> Os ovos e as larvas de *Anopheles* apresentam adaptações morfológicas aos habitats aquáticos, incluindo variações na forma, tamanho e estruturas da superfície dos ovos, bem como na morfologia do corpo e nos apêndices das larvas.

> As caraterísticas morfológicas dos ovos e das larvas são importantes para estudos ecológicos, identificação das larvas e classificação taxonómica.

> A diversidade morfológica dos mosquitos *Anopheles* é essencial para a identificação exacta das espécies, a classificação taxonómica e os estudos ecológicos. Os caracteres morfológicos, combinados com técnicas de genética molecular e dados ecológicos, contribuem para a nossa compreensão da diversidade de *Anopheles* e das suas implicações para a dinâmica da transmissão da malária e para os esforços de controlo.

Variação comportamental:

Os mosquitos *Anopheles* apresentam comportamentos diversos que influenciam a sua ecologia, estratégias de procura de hospedeiros e capacidade de vectorização. As variações comportamentais entre espécies contribuem para as diferenças na dinâmica de transmissão da malária e colocam desafios aos esforços de controlo dos vectores. Eis um resumo da variação comportamental observada nos mosquitos *Anopheles*:

Comportamento alimentar:

Antropofilia vs. Zoofilia: Os mosquitos *Anopheles* podem apresentar diferentes graus de preferência por se alimentarem de seres humanos (antropofilia) e de animais (zoofilia). As espécies com forte antropofilia são vectores mais eficientes de parasitas da malária humana.

Preferência por hospedeiros: Algumas espécies de *Anopheles* apresentam um comportamento alimentar oportunista e podem alimentar-se de vários hospedeiros, incluindo seres humanos, gado e animais selvagens. Outras apresentam uma especificidade estrita em relação ao hospedeiro, preferindo alimentar-se exclusivamente de seres humanos ou de espécies animais específicas.

Tempo de alimentação:

Alimentação nocturna: Muitas espécies de *Anopheles* alimentam-se de forma nocturna, com o pico de atividade de picada a ocorrer durante a noite, quando os seres humanos estão a dormir.

Alimentação diurna: Algumas espécies de *Anopheles* apresentam um comportamento alimentar diurno, preferindo alimentar-se durante o dia. As espécies diurnas podem representar um desafio para as intervenções de controlo da malária dirigidas a mosquitos que repousam em recintos fechados.

Alimentação no interior vs. no exterior:

Endofagia vs. Exofagia: Os mosquitos *Anopheles* podem apresentar preferências diferentes para se alimentarem no interior (endofagia) ou no exterior (exofagia). As espécies endofágicas têm maior probabilidade de entrar em contacto com os seres humanos e de transmitir parasitas da malária em ambientes fechados, onde as intervenções de controlo de vectores, como os mosquiteiros tratados com inseticida (ITN) e a pulverização residual em ambientes fechados (IRS), podem ser eficazes.

Exofilia: Algumas espécies de *Anopheles* exibem exofilia, preferindo descansar ao ar livre depois de se alimentarem. O comportamento exofágico coloca desafios aos esforços de controlo dos vectores em recintos fechados e pode exigir intervenções orientadas para o exterior.

Comportamento de repouso:

Repouso no interior vs. no exterior: Os mosquitos *Anopheles* podem apresentar um comportamento de repouso no interior ou no exterior, dependendo das condições ambientais, da disponibilidade de habitat e das intervenções de controlo de vectores.

Locais de repouso: Os locais de repouso comuns para os mosquitos *Anopheles* incluem estruturas interiores como paredes, tectos e mobiliário, bem como vegetação exterior, abrigos para animais e locais de repouso naturais.

Preferência de habitat de reprodução:

Habitats aquáticos: Os mosquitos *Anopheles* reproduzem-se numa grande variedade de habitats de água doce, incluindo massas de água naturais, como rios, ribeiros, pântanos e sapais, bem como recipientes artificiais, campos de arroz e valas de irrigação.

Especificidade do habitat: Diferentes espécies de *Anopheles* podem apresentar preferências por habitats de reprodução específicos, com algumas espécies adaptadas à reprodução em massas de água limpas e iluminadas pelo sol, enquanto outras prosperam em ambientes poluídos ou sombreados.

Variação espacial e temporal:

Dinâmica sazonal: A abundância e o comportamento alimentar do mosquito *Anopheles* podem variar sazonalmente, influenciados por factores como a precipitação, a temperatura, a humidade e a disponibilidade de hospedeiros.

Heterogeneidade espacial: A transmissão do paludismo pode variar espacialmente nas regiões endémicas, influenciada por factores como as caraterísticas da paisagem, os padrões de povoamento humano e a ecologia dos vectores.

A variação comportamental dos mosquitos *Anopheles* é essencial para a conceção de intervenções específicas de controlo da malária, a previsão do risco de doença e a aplicação de estratégias eficazes de controlo dos vectores. Os estudos comportamentais, associados à investigação ecológica e à vigilância entomológica, contribuem para a nossa compreensão da ecologia do vetor *Anopheles* e das suas implicações para a dinâmica da transmissão da malária.

Adaptações ecológicas:

Os mosquitos *Anopheles* desenvolveram várias adaptações ecológicas que lhes permitem prosperar em diversos habitats e explorar diferentes nichos ecológicos. Estas adaptações influenciam as suas preferências de reprodução, comportamentos de procura de hospedeiros e capacidade de vectorização, moldando, em última análise, a dinâmica de transmissão da malária. Eis um resumo das adaptações ecológicas observadas nos mosquitos *Anopheles*:

Preferências de habitat de reprodução:

➢ Os mosquitos *Anopheles* reproduzem-se numa grande variedade de habitats de água doce, incluindo massas de água naturais como rios, ribeiros, lagoas, pântanos, pântanos e lagos.

➢ Algumas espécies apresentam preferências por locais de reprodução específicos, como poças temporárias de água da chuva, arrozais, valas de irrigação e recipientes artificiais encontrados em ambientes urbanos.

➢ As preferências do habitat de reprodução podem variar entre espécies e são influenciadas por factores como a qualidade da água, a temperatura, a vegetação e os predadores de larvas.

Adaptações aquáticas:

➢ As larvas de *Anopheles* possuem adaptações especializadas para a vida aquática, incluindo estruturas respiratórias (por exemplo, sifão ou tubo de respiração) que lhes permitem obter oxigénio da superfície da água.

➢ O desenvolvimento das larvas é influenciado por factores ambientais como a temperatura da água, o pH, os níveis de oxigénio dissolvido e a disponibilidade de nutrientes.

Tolerância à temperatura:

➢ Os mosquitos *Anopheles* apresentam diferentes graus de tolerância à temperatura, o que lhes permite habitar uma vasta gama de condições climáticas, desde as regiões tropicais às regiões temperadas.

➢ A temperatura influencia as taxas de desenvolvimento, a sobrevivência e a capacidade de vectorização dos mosquitos, sendo que as temperaturas ideais para a transmissão da malária variam tipicamente entre 20°C e 30°C.

Comportamento de procura de anfitrião:

➢ Os mosquitos *Anopheles* apresentam diversos comportamentos de procura de hospedeiros, incluindo preferências por se alimentarem de seres humanos (antropofilia) ou de animais (zoofilia), alimentação no interior ou no exterior e atividade nocturna ou diurna.

➢ As adaptações comportamentais são influenciadas por factores como a disponibilidade de hospedeiros, sinais de odor do hospedeiro e a presença de intervenções de controlo do vetor.

Comportamento de repouso:

➢ Os mosquitos *Anopheles* apresentam diferentes comportamentos de repouso, incluindo o repouso no interior, em paredes, tectos e mobiliário, bem como o repouso no exterior, em vegetação, abrigos de animais e locais de repouso naturais.

➢ O comportamento de repouso influencia a exposição a intervenções de controlo de vectores, tais como a pulverização residual intradomiciliária (PRI) e os mosquiteiros tratados com inseticida (MTI).

Especialização em habitat:

➢ Algumas espécies de *Anopheles* apresentam especialização de habitat, com adaptações a nichos ecológicos específicos, como áreas florestais, savanas, ambientes urbanos ou regiões costeiras.

➢ A especialização do habitat pode influenciar a ecologia do vetor, a dinâmica da população e os padrões de transmissão da malária.

Plasticidade comportamental:

➢ Os mosquitos *Anopheles* demonstram plasticidade comportamental, o que lhes permite adaptarem-se a condições ambientais variáveis, à disponibilidade de hospedeiros e às actividades humanas.

➢ A plasticidade comportamental influencia as interações vetor-humano e a eficácia das intervenções de controlo da malária.

➢ As adaptações ecológicas dos mosquitos *Anopheles* são essenciais para prever a sua distribuição, abundância e capacidade de vectorização em diferentes habitats e regiões geográficas. Os estudos ecológicos, associados à vigilância entomológica e à monitorização ambiental, contribuem para a nossa compreensão da ecologia do vetor *Anopheles* e das suas implicações para a dinâmica da transmissão da malária e para as estratégias de controlo.

Distribuição Geográfica:

Os mosquitos *Anopheles* têm uma distribuição global, com espécies encontradas em todos os continentes, exceto na Antárctida. A sua distribuição geográfica é influenciada por vários factores, incluindo o clima, a disponibilidade de habitat, as actividades humanas e as condições ecológicas. Aqui está uma visão geral da distribuição geográfica dos mosquitos *Anopheles*:

Regiões tropicais e subtropicais:

➢ Os mosquitos *Anopheles* são mais diversificados e abundantes nas regiões tropicais e subtropicais, onde as condições ambientais são propícias à sua sobrevivência e reprodução.

➢ As regiões dos trópicos, como a África Subsariana, o Sudeste Asiático, a Bacia Amazónica e partes da Oceânia, albergam a maior riqueza de espécies e abundância de mosquitos *Anopheles*.

Regiões temperadas:

➢ Os mosquitos *Anopheles* também habitam regiões temperadas, embora a diversidade de espécies tenda a ser menor em comparação com as zonas tropicais.

➢ As regiões temperadas com habitats de reprodução e condições climáticas adequadas podem albergar populações de Anopheles durante os meses mais quentes do ano, conduzindo à transmissão sazonal da malária.

África:

➢ A África Subsariana é considerada o epicentro da transmissão da malária, com o maior fardo de casos e mortes por malária a nível mundial.

➢ O complexo *Anopheles gambiae*, o grupo *Anopheles funestus* e outras espécies de *Anopheles* são os principais vectores em África, contribuindo para a transmissão da malária em diversos contextos ecológicos.

Ásia:

➢ O Sudeste Asiático é outra região com elevada endemicidade de malária, incluindo países como a Índia, Myanmar, Tailândia e Indonésia.

➢ O complexo *Anopheles dirus*, o *Anopheles minimus* e o grupo *Anopheles maculatus* são vectores importantes no Sudeste Asiático, com variações na composição das espécies e na capacidade de vectorização nas diferentes regiões.

Américas:

➢ A transmissão do paludismo ocorre em vários países das Américas, nomeadamente na bacia amazónica e regiões circundantes.

➢ *O Anopheles darlingi* é o vetor primário na região amazónica, enquanto outras espécies, como o *Anopheles albimanus* e *o Anopheles punctimacula*, contribuem para a transmissão da malária na América Central e do Sul.

Oceânia:

➢ A malária é endémica em partes da Oceânia, incluindo a Papua Nova Guiné, as Ilhas Salomão, Vanuatu e partes da Indonésia.

➢ O grupo *Anopheles farauti* e o grupo *Anopheles punctulatus* são vectores importantes na Oceânia, com adaptações a ambientes insulares e diversos habitats de reprodução.

Europa:

➢ Os mosquitos *Anopheles* estão presentes em áreas limitadas da Europa, principalmente nas regiões sul e leste.

➢ Embora a transmissão da malária seja rara na Europa, podem ocorrer casos esporádicos em zonas onde estejam presentes vectores competentes e existam condições ambientais adequadas.

Actividades humanas e urbanização:

➢ As actividades humanas, como a desflorestação, os projectos de irrigação, a urbanização e o desenvolvimento agrícola, podem criar ou modificar os habitats de reprodução dos mosquitos e influenciar a distribuição dos mosquitos *Anopheles*.

➢ A urbanização pode levar à proliferação de espécies que se reproduzem em contentores e aumentar o risco de transmissão da malária urbana em zonas densamente povoadas.

➢ A distribuição geográfica dos mosquitos *Anopheles* é essencial para os esforços de controlo da malária, uma vez que ajuda a identificar as regiões com maior risco de transmissão da malária, a direcionar eficazmente as intervenções e a orientar as prioridades da investigação. Os estudos ecológicos, a vigilância entomológica e a cartografia da distribuição dos vectores contribuem para a nossa compreensão da ecologia do Anopheles e das suas implicações para a dinâmica da transmissão da malária.

Espécies endémicas e Hotspots:

As espécies endémicas e os hotspots de mosquitos *Anopheles* referem-se a regiões ou áreas caracterizadas por uma riqueza de espécies excecionalmente elevada, nichos ecológicos únicos e transmissão localizada da malária. Estes hotspots desempenham um papel significativo na epidemiologia da malária e representam desafios para os esforços de controlo. Eis um resumo:

Definição:

Espécies endémicas: Espécies *de Anopheles* que são nativas ou restritas a regiões geográficas específicas e estão adaptadas às condições ambientais locais.

Hotspots: Regiões geográficas caracterizadas por uma elevada biodiversidade, uma elevada intensidade de transmissão da malária e caraterísticas ecológicas únicas favoráveis aos mosquitos *Anopheles*.

Caraterísticas:

Elevada riqueza de espécies: As espécies endémicas e os hotspots apresentam frequentemente uma elevada riqueza de espécies, com múltiplas espécies de *Anopheles* a coexistirem numa área geográfica relativamente pequena.

Nichos ecológicos únicos: Os hotspots podem conter diversos nichos ecológicos, incluindo florestas, zonas húmidas, rios e ambientes urbanos, que fornecem habitats de reprodução adequados para diferentes espécies de Anopheles.

Transmissão localizada: Os pontos críticos estão associados à transmissão localizada do paludismo, com a intensidade da transmissão a variar espacialmente dentro das regiões endémicas.

Exemplos de Hotspots:

África Subsariana: A bacia do Congo, a região do Sahel e outras partes da África Subsariana são reconhecidas como focos de diversidade de *Anopheles* e de transmissão do paludismo. A região alberga numerosas espécies endémicas e suporta um elevado fardo de paludismo.

Sudeste Asiático: A sub-região do Grande Mekong, que inclui países como Myanmar, Camboja, Laos, Tailândia e Vietname, é um ponto de acesso para a diversidade de Anopheles e a transmissão da malária. As zonas florestais e as paisagens rurais proporcionam habitats adequados para as espécies de vectores.

Bacia do Amazonas: A floresta amazónica na América do Sul é um ponto de acesso à biodiversidade e à transmissão da malária. *O Anopheles darlingi*, o principal vetor na região, prospera em ambientes florestais e contribui para a endemicidade da malária.

Papua-Nova Guiné: Partes da Oceânia, incluindo a Papuásia-Nova Guiné e as ilhas vizinhas, são focos de diversidade de *Anopheles* e de transmissão da malária. As espécies endémicas, como o complexo *Anopheles farauti* e o complexo *Anopheles punctulatus*, são vectores importantes na região.

Implicações para o controlo:

- Os hotspots apresentam desafios para os esforços de controlo da malária devido à ecologia complexa das espécies de vectores e à dinâmica de transmissão localizada.

- Intervenções específicas, incluindo medidas de controlo de vectores, vigilância e abordagens baseadas na comunidade, são essenciais para reduzir a transmissão da malária em zonas endémicas.

- Os factores ecológicos e epidemiológicos que determinam a transmissão da malária nos hotspots são fundamentais para conceber estratégias de controlo eficazes e atingir os objectivos de eliminação da malária.

Investigação e vigilância:

- São necessários esforços contínuos de investigação e vigilância para monitorizar as populações de vectores, a dinâmica da transmissão da malária e o impacto das intervenções de controlo nos pontos críticos endémicos.

- Os esforços de colaboração entre investigadores, autoridades de saúde pública e comunidades locais são essenciais para enfrentar os desafios colocados pelos hotspots e reduzir o fardo da malária nestas regiões.

➤ A identificação das espécies endémicas e dos pontos críticos dos mosquitos *Anopheles* é crucial para as intervenções orientadas de controlo da malária, para a atribuição de recursos e para a definição das prioridades dos esforços de investigação. Ao concentrarem-se nas regiões endémicas e nos hotspots, os programas de controlo da malária podem otimizar as suas estratégias e trabalhar para a eliminação sustentável da malária.

Alterações climáticas e mudanças de distribuição:

Prevê-se que as alterações climáticas tenham impactos significativos na distribuição, abundância e comportamento dos mosquitos *Anopheles*, o que, por sua vez, poderá influenciar a dinâmica de transmissão da malária. Mudanças na área de distribuição, alterações nos padrões sazonais e mudanças na capacidade de vectorização são alguns dos efeitos previstos das alterações climáticas nas populações de *Anopheles*.

Expansão e contração da gama:

➤ O aumento das temperaturas e a alteração dos padrões de precipitação associados às alterações climáticas podem levar a mudanças na distribuição geográfica dos mosquitos Anopheles.

➤ Temperaturas mais altas podem expandir a área de distribuição das espécies de Anopheles para latitudes e altitudes mais elevadas, aumentando potencialmente o risco de transmissão da malária em áreas anteriormente não afectadas.

➤ Por outro lado, as alterações na adequação e disponibilidade do habitat podem levar à contração ou ao desaparecimento das populações de Anopheles em determinadas regiões.

Dinâmica sazonal alterada:

➤ As alterações climáticas podem influenciar os padrões sazonais de abundância de mosquitos, a atividade de reprodução e a transmissão da malária.

> As mudanças de temperatura e de precipitação podem afetar o momento e a duração das épocas de reprodução dos mosquitos, levando a alterações na intensidade e no momento da transmissão da malária.

> Nalgumas regiões, estações chuvosas prolongadas ou intensificadas podem criar condições favoráveis à reprodução de mosquitos, prolongando os períodos de transmissão da malária.

Adaptações ecológicas:

Os mosquitos *Anopheles* podem apresentar adaptações ecológicas em resposta a condições ambientais variáveis, tais como alterações nas preferências de habitat de reprodução, comportamentos de procura de hospedeiros e resistência a insecticidas.

Algumas espécies podem adaptar-se a novos nichos ecológicos ou explorar locais de reprodução e hospedeiros alternativos, afectando potencialmente a dinâmica da transmissão da malária e as estratégias de controlo dos vectores.

Capacidade Vetorial:

> As alterações climáticas podem influenciar a capacidade de vectorização dos mosquitos *Anopheles*, alterando factores como a sobrevivência dos mosquitos, as taxas de desenvolvimento, o comportamento de picada e a eficiência da transmissão de agentes patogénicos.

> As temperaturas mais quentes podem acelerar o desenvolvimento dos mosquitos, encurtar os períodos de incubação dos agentes patogénicos e aumentar as taxas de picada, aumentando o potencial de transmissão da malária.

> As alterações nos padrões de precipitação podem afetar a disponibilidade de habitats de reprodução e o desenvolvimento larvar, influenciando ainda mais a capacidade de vectorização.

Vulnerabilidade humana:

➤ As alterações na distribuição de *Anopheles* e nos padrões de transmissão da malária resultantes das alterações climáticas podem ter impacto na vulnerabilidade humana à malária.

➤ As populações que vivem em zonas recentemente endémicas ou em regiões com maior transmissão de paludismo podem correr um risco acrescido de infeção se não tiverem imunidade ou acesso a medidas de controlo eficazes.

➤ As populações vulneráveis, incluindo crianças, mulheres grávidas e comunidades com recursos limitados, podem suportar o peso das alterações induzidas pelo clima no risco de paludismo.

Estratégias de adaptação:

➤ A adaptação aos impactos das alterações climáticas na malária exige abordagens multifacetadas, incluindo uma vigilância reforçada, sistemas de alerta precoce, intervenções de controlo de vectores e envolvimento da comunidade.

➤ Os sistemas de saúde resistentes às alterações climáticas, a melhoria do acesso aos cuidados de saúde e as intervenções que abordam as determinantes socioeconómicas da vulnerabilidade à malária são essenciais para reduzir o peso das doenças sensíveis ao clima, como a malária.

➤ Os potenciais impactes das alterações climáticas nos mosquitos *Anopheles* e na transmissão da malária são cruciais para o desenvolvimento de estratégias de adaptação e para o reforço da resistência a futuros desafios ambientais. Para atenuar os impactes das alterações climáticas na malária e proteger as populações vulneráveis, são necessárias abordagens integradas que tratem tanto dos riscos relacionados com o clima como das prioridades mais vastas em matéria de saúde e desenvolvimento.

CAPÍTULO- 3

CICLO DE VIDA DO ANOPHELES E TRANSMISSÃO DA MALÁRIA

Introdução

O ciclo de vida dos mosquitos *Anopheles* é crucial para compreender a dinâmica de transmissão da malária, uma doença devastadora causada pelos parasitas Plasmodium. Este capítulo investiga as fases intrincadas do ciclo de vida do Anopheles e elucida como estes mosquitos servem de vectores para a transmissão dos parasitas da malária.

1. Ciclo de vida do mosquito *Anopheles*:

O ciclo de vida dos mosquitos *Anopheles* e o seu papel na transmissão da malária estão intimamente ligados. Estes aspectos são cruciais para compreender a epidemiologia da malária e implementar medidas de controlo eficazes. Vamos aprofundar o ciclo de vida dos mosquitos *Anopheles* e o seu papel fundamental na transmissão da malária:

Fase de ovo: Os mosquitos *Anopheles* põem os seus ovos em massas de água, como lagoas estagnadas, poças ou recipientes artificiais cheios de água doce. Os ovos são postos individualmente ou em grupos e eclodem em poucos dias, dependendo das condições ambientais.

Fase larvar: Após a eclosão, os ovos dão origem a larvas, vulgarmente conhecidas como "pernilongos". As larvas de *Anopheles* são aquáticas e possuem órgãos respiratórios especializados chamados "sifões" ou "trombetas" que lhes permitem respirar o ar da superfície da água. As larvas alimentam-se de microrganismos e matéria orgânica presentes nos seus habitats aquáticos e passam por várias fases de muda (instares) à medida que crescem.

Fase de pupa: Após a fase larvar, o mosquito entra na fase de pupa. As pupas, também conhecidas como "cambalhotas", não se alimentam e sofrem metamorfose dentro de um casulo protetor. Durante esta fase, têm uma grande mobilidade e utilizam apêndices semelhantes a pás para se deslocarem na água.

Fase adulta: Depois de saírem da fase de pupa, os mosquitos adultos repousam brevemente à superfície da água até as suas asas e exoesqueletos endurecerem. Uma vez completamente desenvolvidos, voam em busca de uma refeição de sangue para se alimentarem e desenvolverem os ovos. Apenas as fêmeas necessitam de refeições de sangue para a produção de ovos, enquanto os machos se alimentam principalmente de néctar e sumos de plantas.

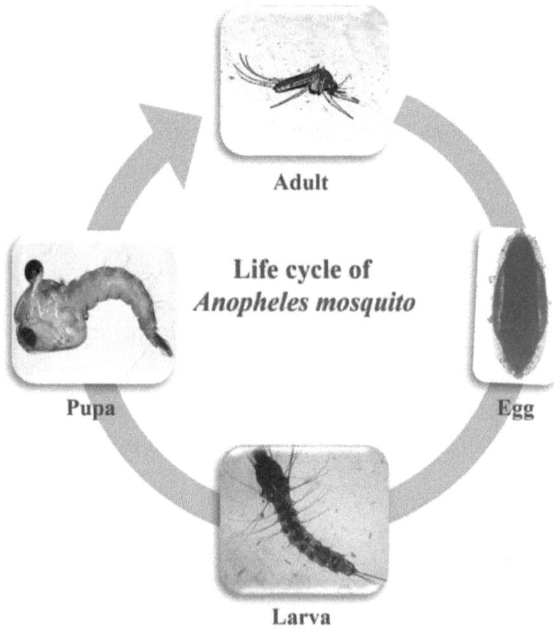

Fig: Ciclo de vida do *Anopheles*

2. Papel na transmissão da malária:

Alimentação de sangue e aquisição de parasitas: As fêmeas dos mosquitos *Anopheles* desempenham um papel fundamental na transmissão da malária. Quando procuram uma refeição de sangue para obter os nutrientes necessários ao desenvolvimento dos ovos, podem alimentar-se de seres humanos e inadvertidamente adquirir parasitas *Plasmodium* que circulam na corrente sanguínea de indivíduos infectados. Estes parasitas existem sob a forma de gametócitos, que constituem a fase sexual do ciclo de vida do Plasmodium.

Desenvolvimento do Parasita no Mosquito: Uma vez ingeridos, os gametócitos sofrem reprodução sexual no intestino médio do mosquito, resultando na formação de oocinetes móveis. Os oocinetes penetram no epitélio do intestino médio e desenvolvem-se em oocistos, que se replicam e acabam por libertar milhares de esporozoítos na cavidade corporal do mosquito.

Transmissão aos seres humanos: Os esporozoítos migram para as glândulas salivares do mosquito, onde aguardam a transmissão a um novo hospedeiro durante a próxima refeição de sangue do mosquito. Quando um mosquito infetado pica um ser humano, injeta saliva contendo esporozoítos na corrente sanguínea. A partir daí, os esporozoitos viajam até ao fígado, onde infectam os hepatócitos e iniciam a fase seguinte do ciclo de infeção da malária.

Início da infeção na fase sanguínea: Uma vez dentro das células do fígado, os esporozoítos passam por um período de multiplicação rápida (fase exoeritrocítica), levando à libertação de merozoítos na corrente sanguínea. Estes merozoítos invadem os glóbulos vermelhos, dando início à fase sintomática da infeção por malária, caracterizada por febre, arrepios, anemia e outras manifestações clínicas.

Ao completarem o ciclo de vida do parasita da malária nos seus corpos e ao servirem de vectores para a transmissão do parasita, os mosquitos *Anopheles* perpetuam o ciclo de transmissão da malária de um hospedeiro humano para outro. A interrupção deste ciclo através de medidas de controlo de vectores, tais como mosquiteiros tratados com inseticida, pulverização residual em interiores, controlo de larvas e intervenções baseadas na comunidade, é essencial para reduzir o fardo da malária e atingir os objectivos globais de eliminação da malária.

3. Desenvolvimento do Parasita da Malária:

Introdução aos Parasitas Plasmodium: A malária é causada por parasitas protozoários do género *Plasmodium*. Os principais parasitas da malária humana incluem *Plasmodium falciparum, Plasmodium vivax, Plasmodium malariae* e *Plasmodium ovale*.

Infeção por mosquitos: As fêmeas dos mosquitos *Anopheles* ficam infectadas com parasitas da malária quando ingerem gametócitos (parasitas da fase sexual) durante uma refeição de sangue de um hospedeiro humano infetado.

Período de Incubação Extrínseca: Dentro do intestino médio do mosquito, os gametócitos sofrem reprodução sexual, produzindo oocinetos móveis. Os oocinetes penetram no epitélio do intestino médio e desenvolvem-se em oocistos na superfície externa da parede do intestino médio.

Maturação do oocisto: Os oocistos passam por várias rodadas de divisão e crescimento, eventualmente liberando milhares de esporozoítos no hemocelo do mosquito.

Migração para as glândulas salivares: Os esporozoítos migram para as glândulas salivares do mosquito, onde aguardam a transmissão a um novo hospedeiro durante uma refeição de sangue subsequente.

4. Transmissão da malária:

Interação entre o hospedeiro e o vetor: Quando um mosquito infetado toma uma refeição de sangue de um hospedeiro humano suscetível, os esporozoítos são injetados na corrente sanguínea juntamente com a saliva do mosquito.

Fase hepática: Os esporozoitos deslocam-se até ao fígado e infectam os hepatócitos, onde sofrem replicação assexuada (fase exoeritrocítica). Esta fase é assintomática e pode durar vários dias a semanas.

Fase sanguínea: Após a rutura dos hepatócitos infectados, os merozoítos são libertados na corrente sanguínea, dando início à fase eritrocítica da infeção. Os merozoítos invadem os glóbulos vermelhos, dando origem a malária sintomática caracterizada por febre, arrepios e outras manifestações sistémicas.

Formação de Gametócitos: Uma parte dos parasitas assexuados diferencia-se em gametócitos masculinos e femininos, que circulam na corrente sanguínea e podem ser ingeridos por mosquitos que se alimentam, completando o ciclo de transmissão.

CAPÍTULO- 4

ECOLOGIA DOS ANOPHELES: HABITATS E COMPORTAMENTO

Os mosquitos *Anopheles* apresentam diversas preferências de habitat e adaptações ecológicas que lhes permitem prosperar numa vasta gama de ambientes. Estas adaptações influenciam a sua distribuição, abundância e papel como vectores da malária. Eis um resumo das suas preferências de habitat e adaptações ecológicas:

1. Preferências de habitat de reprodução:

Habitats de água doce: Os mosquitos *Anopheles* necessitam de habitats de água doce para se reproduzirem, incluindo massas de água naturais como lagoas, pântanos, pântanos, riachos e rios. Também se reproduzem em recipientes artificiais, como pneus fora de uso, recipientes de armazenamento de água e vasos de flores, especialmente em ambientes urbanos.

Especificidade do habitat: Diferentes espécies de *Anopheles* podem apresentar preferências por tipos específicos de habitats de reprodução. Por exemplo, algumas espécies preferem corpos de água limpos e iluminados pelo sol com vegetação emergente, enquanto outras prosperam em habitats sombreados e turvos com detritos orgânicos.

Adaptações a ambientes aquáticos: As larvas de *Anopheles* possuem adaptações para a vida aquática, incluindo órgãos respiratórios especializados (sifões ou trompetes) que lhes permitem respirar o ar da superfície da água. As larvas estão adaptadas a várias condições de água, incluindo corpos de água estagnados, de fluxo lento ou temporários.

2. Preferências ambientais:

Temperatura e humidade: Os mosquitos *Anopheles* apresentam preferências por intervalos específicos de temperatura e humidade, dependendo da espécie. As regiões tropicais e subtropicais com temperaturas quentes e humidade elevada são favoráveis à reprodução e sobrevivência dos *Anopheles*.

Vegetação e utilização do solo: Os mosquitos *Anopheles* podem apresentar preferências por determinados tipos de vegetação e padrões de utilização do solo. Encontram-se habitualmente em zonas agrícolas rurais, regiões florestais e ambientes urbanos com locais de reprodução adequados e acesso a fontes de farinha de sangue.

3. Adaptações comportamentais:

Comportamento de procura de hospedeiro: Os mosquitos *Anopheles* apresentam diversos comportamentos de procura de hospedeiros, incluindo preferências por se alimentarem de seres humanos (antropofilia) ou de animais (zoofilia). Algumas espécies alimentam-se de forma oportunista, enquanto outras apresentam uma especificidade estrita em relação ao hospedeiro.

Tempo de alimentação: Os mosquitos *Anopheles* podem alimentar-se de forma nocturna ou diurna, dependendo da espécie. As espécies nocturnas são mais activas durante a noite, enquanto as espécies diurnas preferem alimentar-se durante o dia.

4. Adaptações fisiológicas e reprodutivas:

Comportamento de postura dos ovos: As fêmeas dos mosquitos *Anopheles* selecionam locais de oviposição adequados com base em sinais ambientais como a qualidade da água, a temperatura e a presença de predadores. Podem depositar os ovos preferencialmente em massas de água com sombra ou com luz solar, dependendo das adaptações específicas da espécie.

Estratégias de sobrevivência: Os mosquitos *Anopheles* desenvolveram adaptações fisiológicas para sobreviver em diversas condições ambientais, incluindo resistência à dessecação, tolerância a temperaturas extremas e imunidade a agentes patogénicos.

5. Adaptações urbanas:

Urbanização: Algumas espécies de *Anopheles* adaptaram-se a ambientes urbanos e prosperam em áreas densamente povoadas com abundantes locais de reprodução, tais como valas de drenagem, canais de esgotos e contentores de armazenamento de água. A urbanização pode alterar o comportamento, os hábitos de reprodução e a capacidade de vectorização dos mosquitos.

As preferências de habitat e as adaptações ecológicas dos mosquitos *Anopheles* são essenciais para os esforços de controlo da malária, incluindo a vigilância dos vectores, as medidas de controlo das larvas e as estratégias de modificação do habitat. Ao identificar e abordar os factores ambientais que promovem a reprodução dos mosquitos e a transmissão da malária, as autoridades de saúde pública podem reduzir eficazmente o peso da malária e atenuar o impacto das doenças transmitidas por vectores nas populações humanas.

Padrões comportamentais que influenciam a dinâmica da transmissão da malária:

Os padrões comportamentais dos mosquitos *Anopheles* e dos hospedeiros humanos desempenham um papel fundamental na dinâmica de transmissão da malária. Compreender estes padrões comportamentais é essencial para conceber estratégias eficazes de controlo da malária. Eis alguns dos principais padrões de comportamento que influenciam a dinâmica de transmissão da malária:

1. Comportamento dos mosquitos Anopheles na procura de hospedeiros:

Antropofagia vs. Zoofagia: Os mosquitos *Anopheles* podem apresentar preferências por se alimentarem de seres humanos (antropofagia) ou de animais (zoofagia). As espécies com forte antropofilia são vectores mais eficientes de parasitas da malária humana.

Alimentação em ambientes internos e externos: Algumas espécies de *Anopheles* apresentam endofagia, preferindo alimentar-se dentro de casa, enquanto outras apresentam exofagia, alimentando-se predominantemente ao ar livre. Os mosquitos que se alimentam em interiores são mais eficazmente visados pelas intervenções de controlo de vectores em interiores, como os mosquiteiros e a pulverização residual em interiores.

Hora da alimentação: Os mosquitos *Anopheles* podem alimentar-se de forma nocturna ou diurna, com o pico de atividade de picada a ocorrer durante períodos específicos do dia ou da noite. A compreensão dos padrões temporais do comportamento de picada dos mosquitos pode informar o momento das intervenções de controlo dos vectores.

2. Comportamento humano e exposição:

Actividades ao ar livre: Os comportamentos humanos que aumentam a exposição ao ar livre durante os períodos de pico de picadas de mosquito, como a agricultura, a pesca ou as actividades sociais, podem elevar o risco de transmissão da malária.

Padrões de sono: Dormir ao ar livre ou em estruturas mal protegidas pode aumentar o risco de picadas de mosquito e de infeção por malária. Dormir sob redes mosquiteiras tratadas com inseticida (ITN) ou em casas com telas intactas pode reduzir a exposição a picadas de mosquito durante a noite.

Movimento e migração: Os movimentos populacionais, incluindo a migração, as viagens e a deslocação, podem introduzir parasitas da malária em novas áreas ou contribuir para a propagação de estirpes resistentes aos medicamentos, afectando a dinâmica da transmissão da malária.

3. Capacidade Vetorial e Eficiência de Transmissão:

Capacidade vetorial: A capacidade de vectorização dos mosquitos *Anopheles*, determinada por factores como a longevidade do mosquito, a frequência das picadas e a suscetibilidade aos parasitas da malária, influencia a sua capacidade de transmitir a doença.

Sobrevivência dos mosquitos: A longevidade dos mosquitos *Anopheles* afecta a sua capacidade de transmitir parasitas da malária durante o seu tempo de vida. As condições ambientais, como a temperatura e a humidade, podem influenciar as taxas de sobrevivência dos mosquitos.

Infecciosidade: A proporção de mosquitos portadores de parasitas da malária e a densidade de parasitas nas suas glândulas salivares influenciam a probabilidade de transmissão aos seres humanos durante uma refeição de sangue.

4. Padrões de contacto entre humanos e mosquitos:

Dinâmica espacial e temporal: A heterogeneidade espacial na transmissão da malária pode resultar de variações nas populações humanas e de mosquitos, padrões de utilização da terra e factores ambientais. As zonas de alto risco com transmissão intensa da malária podem apresentar focos localizados de contacto homem-mosquito.

Factores a nível comunitário: Os factores sociais e económicos, como a qualidade da habitação, o acesso aos cuidados de saúde e as intervenções de controlo de vectores, podem influenciar os padrões de contacto homem-mosquito e a dinâmica de transmissão da malária nas comunidades.

A complexa interação entre o comportamento dos mosquitos, as actividades humanas e os factores ambientais é crucial para o desenvolvimento de intervenções específicas de controlo da malária. As abordagens integradas que tratam tanto do comportamento dos vectores como do comportamento humano são essenciais para reduzir a transmissão da malária e alcançar objectivos sustentáveis de controlo e eliminação da malária.

CAPÍTULO- 5

ANOPHELES E SAÚDE HUMANA

O impacto das doenças *transmitidas por* Anopheles, em particular a malária, na saúde humana é profundo e multifacetado, afectando indivíduos, comunidades e populações inteiras. Eis alguns dos principais aspectos do impacto das doenças *transmitidas por* Anopheles na saúde humana:

1. Morbidade e mortalidade por paludismo:

> ➢ A malária é uma das principais causas de morbilidade e mortalidade em todo o mundo, especialmente nas regiões tropicais e subtropicais onde os mosquitos *Anopheles* se desenvolvem.

> ➢ A doença pode manifestar-se como malária não complicada, caracterizada por febre, arrepios, dores de cabeça e sintomas semelhantes aos da gripe, ou progredir para malária grave, que pode levar a complicações como malária cerebral, anemia grave, insuficiência renal e dificuldade respiratória.

> ➢ A malária afecta desproporcionadamente populações vulneráveis, incluindo crianças com menos de cinco anos de idade, mulheres grávidas e indivíduos com sistemas imunitários comprometidos.

> ➢ A malária grave pode provocar a morte se não for imediatamente diagnosticada e tratada com medicamentos antimaláricos eficazes.

2. Encargos económicos:

> ➢ As doenças *transmitidas por* Anopheles, principalmente a malária, impõem um encargo económico significativo aos indivíduos afectados, às famílias, aos sistemas de saúde e às economias nacionais.

> ➢ Os custos diretos associados ao tratamento da malária, incluindo despesas médicas e perda de produtividade, podem empobrecer os

agregados familiares e agravar a pobreza, sobretudo em contextos de baixos rendimentos.

➢ Os custos indirectos, como a redução da produtividade agrícola, o absentismo no trabalho e na escola e a diminuição das receitas do turismo em zonas endémicas de malária, contribuem ainda mais para o impacto económico da doença.

3. Consequências sociais e psicológicas:

➢ A malária tem profundas consequências sociais e psicológicas para os indivíduos e comunidades afectados.

➢ Os episódios recorrentes de malária podem perturbar as actividades diárias, prejudicar o desenvolvimento cognitivo das crianças e dificultar o sucesso escolar.

➢ O medo de contrair malária e a perceção do estigma podem levar à ansiedade, depressão e isolamento social entre os indivíduos afectados e as suas famílias.

4. Pressão sobre o sistema de saúde:

➢ As doenças *transmitidas por* Anopheles colocam uma pressão sobre os sistemas de saúde, particularmente em contextos de recursos limitados, onde o acesso a serviços de saúde de qualidade pode ser limitado.

➢ As unidades de saúde em zonas onde a malária é endémica enfrentam frequentemente desafios como a capacidade de diagnóstico inadequada, a falta de medicamentos essenciais e a escassez de pessoal de saúde com formação.

➢ O peso da gestão e do tratamento dos casos de paludismo pode sobrecarregar as instalações de saúde durante as épocas de pico de transmissão, levando a uma diminuição da qualidade dos cuidados e a um aumento das despesas de saúde.

5. Impacto na saúde e no desenvolvimento da criança:

➤ As crianças com menos de cinco anos de idade suportam um fardo desproporcionado de morbilidade e mortalidade por paludismo.

➤ A infeção por malária durante a gravidez aumenta o risco de resultados adversos tanto para a mãe como para o feto, incluindo anemia materna, baixo peso à nascença, parto prematuro e perda fetal.

➤ As doenças e mortes relacionadas com a malária entre as crianças podem ter consequências a longo prazo para a saúde e o desenvolvimento das crianças, incluindo um crescimento físico deficiente, défices cognitivos e uma diminuição do nível de escolaridade.

6. Impedimento ao desenvolvimento socioeconómico:

➤ As doenças *transmitidas por* Anopheles, em especial a malária, constituem um obstáculo ao desenvolvimento socioeconómico nos países onde a malária é endémica.

➤ O elevado fardo da malária prejudica a produtividade e o crescimento económico, reduzindo a participação da força de trabalho, diminuindo a produção agrícola e dificultando o investimento nas regiões afectadas.

➤ As despesas de saúde relacionadas com a malária desviam recursos escassos de outros sectores essenciais, como a educação, o desenvolvimento de infra-estruturas e os esforços de redução da pobreza.

➤ O impacto das doenças *transmitidas por Anopheles* na saúde humana exige abordagens abrangentes e integradas, incluindo intervenções de controlo de vectores, acesso a diagnóstico e tratamento eficazes, envolvimento da comunidade e iniciativas de desenvolvimento socioeconómico. Ao atenuar o peso destas doenças, os esforços de saúde pública podem melhorar o bem-estar e os meios de subsistência dos indivíduos e das comunidades afectadas pela malária e por outras doenças *transmitidas por* Anopheles.

Implicações socioeconómicas da malária e de outras doenças transmitidas por *Anopheles*

As implicações socioeconómicas da malária e de outras doenças transmitidas pelos mosquitos Anopheles são profundas e de grande alcance, afectando indivíduos, comunidades e nações inteiras. Estas implicações abrangem vários aspectos dos factores económicos, sociais e de desenvolvimento. Eis uma visão geral das implicações socioeconómicas das doenças transmitidas por Anopheles:

1. Impacto económico:

Custos diretos dos cuidados de saúde: A malária e outras doenças transmitidas por Anopheles impõem custos diretos significativos aos sistemas de saúde, incluindo despesas relacionadas com o diagnóstico, tratamento, hospitalização e material médico. Estes custos podem sobrecarregar sistemas de saúde já com recursos limitados, especialmente em regiões endémicas.

Perda de produtividade: As doenças *transmitidas por Anopheles* contribuem para a perda de produtividade devido ao absentismo no trabalho e na escola relacionado com a doença. As pessoas afectadas pela malária podem não conseguir trabalhar ou frequentar a escola durante os episódios de doença, o que leva a uma diminuição da produtividade e a perdas económicas para as famílias e as comunidades.

Impacto na agricultura: As regiões onde o paludismo é endémico sofrem frequentemente uma redução da produtividade agrícola devido aos efeitos negativos da doença na disponibilidade de mão de obra e na produtividade dos trabalhadores. Os agricultores e os trabalhadores agrícolas podem não conseguir trabalhar em pleno devido a doenças relacionadas com o paludismo, o que resulta numa diminuição do rendimento das colheitas e em perdas económicas para o sector agrícola.

Turismo e investimento: As doenças *transmitidas por* Anopheles podem dissuadir o turismo e o investimento estrangeiro nas regiões afectadas. As preocupações com o risco de contrair malária ou outras doenças transmitidas por vectores podem desencorajar os turistas de visitar zonas onde a malária é endémica, levando a uma redução das receitas do turismo. Do mesmo modo, os investidores podem hesitar em investir em regiões com elevada incidência de doenças devido a preocupações com a saúde e a produtividade da mão de obra.

2. Impacto social:

Desigualdades na saúde: As doenças *transmitidas por* Anopheles exacerbam as desigualdades existentes no domínio da saúde, afectando desproporcionadamente as populações vulneráveis, como as crianças, as mulheres grávidas e os indivíduos que vivem na pobreza. Os factores socioeconómicos, como o acesso limitado aos serviços de saúde, a habitação inadequada e a falta de saneamento, contribuem para as disparidades em termos de carga e resultados da doença.

Perturbação da educação: A malária e outras doenças *transmitidas por* Anopheles podem perturbar o sucesso escolar, provocando o absentismo escolar das crianças e adolescentes afectados. As ausências da escola relacionadas com a doença podem prejudicar o desempenho académico e o sucesso escolar, perpetuando o ciclo de pobreza e limitando as oportunidades socioeconómicas futuras.

Estigma e discriminação: Os indivíduos e as comunidades afectados por doenças *transmitidas por* Anopheles podem sofrer estigma e discriminação devido a ideias erradas sobre as causas e a transmissão destas doenças. A estigmatização pode levar ao isolamento social, à discriminação no emprego e na educação e ao sofrimento psicológico dos indivíduos afectados e das suas famílias.

3. Impacto no desenvolvimento:

Armadilha da pobreza: As doenças *transmitidas por* Anopheles contribuem para a armadilha da pobreza, perpetuando ciclos de doença, diminuição da produtividade e dificuldades económicas. A pobreza e a malária formam um ciclo vicioso, com a pobreza a aumentar o risco de transmissão da malária e a malária a exacerbar a pobreza através do seu impacto negativo na saúde e no bem-estar socioeconómico.

Desenvolvimento do capital humano: A malária e outras doenças *transmitidas por Anopheles* impedem o desenvolvimento do capital humano, prejudicando o desenvolvimento físico e cognitivo, reduzindo o nível de escolaridade e limitando a produtividade da mão de obra. Investir nos esforços de controlo e prevenção da malária é essencial para promover o desenvolvimento do capital humano e fomentar um crescimento socioeconómico sustentável.

Obstáculos ao desenvolvimento sustentável: As doenças *transmitidas por* Anopheles constituem obstáculos ao desenvolvimento sustentável, impedindo o progresso em direção aos principais objectivos de desenvolvimento, como a redução da pobreza, a equidade na saúde e o crescimento económico. Abordar as determinantes socioeconómicas da transmissão da malária é essencial para alcançar resultados de desenvolvimento sustentável e melhorar o bem-estar das populações afectadas.

As implicações socioeconómicas das doenças *transmitidas por* Anopheles exigem abordagens abrangentes e integradas que tratem dos factores determinantes subjacentes à transmissão da doença, incluindo a pobreza, o acesso inadequado aos cuidados de saúde e os factores ambientais. Ao investir nos esforços de controlo e prevenção da malária, ao melhorar o acesso aos serviços de saúde e ao promover o desenvolvimento socioeconómico, os países podem atenuar o impacto das doenças *transmitidas por* Anopheles e promover o bem-estar das suas populações.

CAPÍTULO- 6

ANOPHELES E ESTRATÉGIAS DE CONTROLO DO VECTOR: PASSADO E PRESENTE

Os mosquitos *Anopheles* há muito que são alvo de estratégias de controlo de vectores devido ao seu papel na transmissão da malária, uma das doenças infecciosas mais importantes da história da humanidade. Ao longo do tempo, foram desenvolvidas e aperfeiçoadas várias abordagens para controlar as populações de *Anopheles* e reduzir a transmissão da malária. Eis um resumo das estratégias de controlo de vectores passadas e presentes:

Estratégias anteriores:

Modificação ambiental: Historicamente, as comunidades envolveram-se em modificações ambientais para reduzir os locais de reprodução dos mosquitos. Isto incluía a drenagem de pântanos, o enchimento de corpos de água estagnados e a limpeza da vegetação onde os mosquitos se reproduzem.

Insecticidas: Em meados do século XX, a utilização generalizada de insecticidas químicos, como o DDT, tornou-se uma estratégia comum para o controlo dos mosquitos. A pulverização residual em interiores (IRS) consiste na aplicação de insecticidas nas paredes e tectos das casas para matar os mosquitos que repousam no interior.

Redes mosquiteiras tratadas com inseticida (ITN): Nas décadas de 1980 e 1990, a promoção de mosquiteiros tratados com inseticida ganhou força como estratégia para proteger os indivíduos das picadas de mosquito durante o sono. Esta abordagem visava prevenir a transmissão da malária durante a noite, quando os mosquitos *Anopheles* estão mais activos.

Larvicida: A utilização de larvicidas, tais como óleos, agentes biológicos (por exemplo, *Bacillus thuringiensis israelensis*) ou pesticidas químicos, para reduzir as populações de *Anopheles,* foi outra abordagem adoptada para combater as larvas de mosquitos nos seus locais de reprodução.

Estratégias actuais:

Gestão Integrada de Vectores (IVM): O MIV é uma abordagem holística que combina múltiplas estratégias adaptadas às condições locais. Incorpora a gestão ambiental, o controlo das larvas, o controlo dos mosquitos adultos e o envolvimento da comunidade para reduzir as populações de mosquitos e a transmissão da malária.

Gestão da resistência aos insecticidas: O aparecimento de resistência aos insecticidas entre as populações de *Anopheles* levou ao desenvolvimento de estratégias para mitigar a resistência. Estas incluem a rotação de diferentes classes de insecticidas, a utilização de misturas de insecticidas e a utilização de intervenções não químicas juntamente com métodos químicos.

Controlo genético: Os recentes avanços na engenharia genética levaram ao desenvolvimento de mosquitos geneticamente modificados com caraterísticas como a redução da competência do vetor ou a supressão da população. Abordagens como a libertação de mosquitos machos estéreis ou de mosquitos portadores de um gene para a supressão da população estão a ser exploradas como potenciais instrumentos de controlo de *Anopheles*.

Abordagens baseadas na comunidade: O envolvimento das comunidades locais nos esforços de controlo da malária continua a ser crucial. A participação da comunidade em actividades como a distribuição de mosquiteiros, campanhas de limpeza ambiental e iniciativas de educação para a saúde pode aumentar a eficácia e a sustentabilidade dos esforços de controlo dos vectores.

Tecnologias digitais: A utilização de tecnologias digitais, incluindo sistemas de informação geográfica (GIS), deteção remota e aplicações de saúde móvel (mHealth), tem-se tornado cada vez mais importante para cartografar o risco da malária, monitorizar as populações de vectores e melhorar a prestação de intervenções.

Investigação e inovação: A investigação contínua de novas ferramentas e estratégias de controlo de vectores, tais como repelentes, atractivos, repelentes espaciais e agentes de controlo biológico, é essencial para nos mantermos à frente dos desafios em evolução, tais como a resistência aos insecticidas e a alteração dos comportamentos dos mosquitos.

De um modo geral, as estratégias contemporâneas de controlo dos vectores *Anopheles* dão ênfase a uma abordagem integrada, baseada em provas, que tem em conta a epidemiologia local, a biologia dos vectores e o envolvimento da comunidade para conseguir reduções sustentáveis na transmissão da malária. O controlo eficaz da malária exige inovação, colaboração e adaptação contínuas para lidar com a natureza dinâmica da doença e dos seus vectores.

Abordagens históricas do controlo de *Anopheles*.

As abordagens históricas ao controlo de *Anopheles* evoluíram ao longo dos séculos à medida que as sociedades se debatiam com o fardo da malária. Eis um resumo de algumas das principais estratégias históricas:

Gestão ambiental: As primeiras civilizações reconheceram a importância da modificação do ambiente para reduzir os locais de reprodução dos mosquitos. Práticas como a drenagem de pântanos, a limpeza da vegetação e o enchimento de corpos de água estagnados eram métodos comuns para minimizar as populações de mosquitos e a transmissão da malária.

Quinino e remédios à base de plantas: Antes da descoberta da medicina moderna, as pessoas utilizavam vários remédios à base de plantas para tratar os sintomas da malária. O quinino, derivado da casca da árvore cinchona, foi um desses remédios que ganhou uso generalizado. Embora não seja um método direto de controlo do Anopheles, estes tratamentos ajudaram a aliviar os sintomas da malária e foram utilizados durante séculos.

Redes mosquiteiras: A utilização de redes mosquiteiras remonta a séculos em regiões onde a malária era endémica. As redes feitas de materiais naturais, como o algodão ou a seda, eram penduradas sobre as camas para proporcionar proteção física contra as picadas de mosquito durante o sono, reduzindo a probabilidade de transmissão da malária.

Planeamento da utilização dos solos: As comunidades envolvem-se frequentemente no planeamento do uso da terra para minimizar os locais de reprodução dos mosquitos. Evitaram instalar-se perto de pântanos ou zonas pantanosas e implementaram práticas agrícolas que minimizavam a água parada, tais como terraços nos campos para evitar a acumulação de água.

Controlo biológico: Algumas sociedades históricas praticaram, sem o saber, métodos de controlo biológico, introduzindo predadores naturais de mosquitos nos seus ambientes. Por exemplo, a introdução de espécies de peixes que se alimentavam de larvas de mosquitos ajudou a reduzir as populações de mosquitos nas massas de água.

Insecticidas e fumigação: No final do século XIX e início do século XX, a descoberta e o desenvolvimento de insecticidas químicos levou à utilização generalizada de compostos como o piretro e o verde Paris para o controlo dos mosquitos. A fumigação de casas e espaços públicos com fumo ou vapores insecticidas era um método comum para matar mosquitos adultos.

Projectos de drenagem e engenharia: Projectos de drenagem e engenharia em grande escala, particularmente durante os séculos 19th e 20th , visavam recuperar terras de pântanos e brejos, reduzindo assim os habitats de reprodução de mosquitos. Estes projectos envolveram frequentemente a construção de canais, diques e diques para redirecionar o fluxo de água.

Campanhas de saúde pública: As campanhas de educação e sensibilização desempenharam um papel significativo nos esforços históricos de controlo *do Anopheles*. Os governos e as organizações de saúde pública divulgaram informações sobre a importância das medidas de proteção pessoal, do saneamento ambiental e do diagnóstico e tratamento precoces da malária.

Embora estas abordagens históricas tenham lançado as bases para as estratégias modernas de controlo dos vectores, muitas delas eram limitadas na sua eficácia ou sustentabilidade. Além disso, alguns métodos, como a utilização indiscriminada de insecticidas, tiveram consequências não intencionais para o ambiente e a saúde. Atualmente, os esforços contemporâneos de controlo dos vectores baseiam-se nestas abordagens históricas, integrando simultaneamente os avanços científicos, a participação da comunidade e práticas de gestão sustentáveis para combater a malária e outras doenças transmitidas por mosquitos.

Estratégias contemporâneas para controlar as populações de *Anopheles* e reduzir a transmissão da malária

O controlo das populações de *Anopheles* e a redução da transmissão da malária requerem uma abordagem multifacetada que integre várias estratégias. Os esforços contemporâneos centram-se na combinação de métodos comprovados com abordagens inovadoras para enfrentar os desafios complexos do controlo da malária. Eis algumas estratégias contemporâneas para controlar as populações de Anopheles e reduzir a transmissão da malária:

Redes mosquiteiras tratadas com inseticida (MTI) e redes mosquiteiras tratadas com inseticida de longa duração (REMILD): A distribuição e a promoção de mosquiteiros tratados com inseticida e de mosquiteiros tratados com inseticida de longa duração continuam a ser intervenções fundamentais para a prevenção da malária. Estes mosquiteiros proporcionam barreiras físicas às picadas de mosquitos, matando simultaneamente os mosquitos que entram em contacto com o inseticida.

Pulverização residual em interiores (IRS): A PRI envolve a pulverização de insecticidas nas paredes interiores das casas para matar os mosquitos que descansam dentro de casa depois de se alimentarem. Esta abordagem direcionada reduz a população de mosquitos dentro de casa e interrompe a transmissão da malária.

Tratamento preventivo intermitente na gravidez (IPTp): As mulheres grávidas em zonas onde a malária é endémica recebem medicamentos antimaláricos como parte dos cuidados pré-natais de rotina para prevenir a infeção por malária e as suas complicações. Esta estratégia protege tanto a mãe como o feto dos efeitos adversos da malária.

Quimioprevenção da malária sazonal (SMC): A CMS envolve a administração de medicamentos antimaláricos a crianças com menos de cinco anos de idade em zonas com transmissão sazonal elevada de malária. Esta medida preventiva reduz a incidência da malária durante as épocas de maior transmissão.

Diagnóstico rápido e tratamento eficaz (PDET): O diagnóstico atempado dos casos de paludismo seguido de um tratamento adequado com uma terapia combinada à base de artemisinina (ACT) ajuda a reduzir o reservatório de parasitas da malária nas populações humanas, diminuindo assim a transmissão.

Gestão Integrada de Vectores (GIV): A MIV é uma abordagem abrangente que combina múltiplas intervenções de controlo de vectores adaptadas aos contextos epidemiológicos e ecológicos locais. Inclui a gestão ambiental, a gestão das fontes de larvas, o controlo biológico e a utilização de insecticidas.

Envolvimento e capacitação da comunidade: O envolvimento das comunidades nos esforços de controlo da malária fomenta a apropriação, promove a mudança de comportamentos e aumenta a sustentabilidade das intervenções. Os agentes comunitários de saúde desempenham um papel crucial na prestação de serviços de prevenção e tratamento da malária ao nível das bases.

Vigilância e monitorização dos vectores: A monitorização regular das populações de vectores e da resistência aos insecticidas ajuda a orientar a tomada de decisões e a adaptar as estratégias de controlo em conformidade. Os dados de vigilância informam as intervenções de controlo dos vectores e facilitam a deteção precoce de ameaças emergentes.

Investigação e inovação: A investigação contínua de novas ferramentas, tecnologias e abordagens para o controlo da malária é essencial para nos mantermos à frente dos desafios em evolução. Isto inclui o desenvolvimento de novos insecticidas, métodos de controlo de vectores, vacinas e estratégias genéticas para a supressão da população de mosquitos.

Colaboração intersectorial: A colaboração entre sectores da saúde, governos, organizações não governamentais, universidades e parceiros internacionais é crucial para coordenar esforços, mobilizar recursos e implementar eficazmente programas integrados de controlo do paludismo.

Ao integrar estas estratégias contemporâneas com um forte empenhamento político, um financiamento adequado e sistemas de saúde sólidos, é possível manter os progressos no sentido da eliminação da malária e, em última análise, reduzir o peso desta doença devastadora.

CAPÍTULO- 7

INSECTICIDAS E RESISTÊNCIA DOS ANOPHELES

A resistência aos insecticidas nos mosquitos *Anopheles* representa um desafio significativo para os esforços de controlo da malária em todo o mundo. Os mosquitos Anopheles desenvolveram resistência a várias classes de insecticidas utilizados para o controlo dos vectores, diminuindo a eficácia das intervenções baseadas em insecticidas. Eis um resumo dos insecticidas e da resistência *dos Anopheles*:

Classes de insecticidas:

Piretróides: Os piretróides são a classe de insecticidas mais utilizada na pulverização residual de interiores (PRI) e no tratamento de mosquiteiros (REMILD). Actuam no sistema nervoso dos mosquitos, causando paralisia e morte. No entanto, a utilização generalizada levou ao aparecimento de resistência aos piretróides nos mosquitos *Anopheles*.

Organoclorados: Os insecticidas organoclorados, como o DDT (diclorodifeniltricloroetano), foram historicamente utilizados para o controlo da SRI e das larvas. Embora a sua utilização tenha diminuído devido a preocupações ambientais, algumas populações de mosquitos *Anopheles* ainda apresentam resistência ao DDT.

Organofosforados: Os insecticidas organofosforados, incluindo o malatião e o fenitrotião, têm como alvo o sistema nervoso dos mosquitos. São utilizados em IRS e como larvicidas. A resistência aos organofosforados foi documentada em algumas populações de *Anopheles*.

Carbamatos: Os insecticidas de carbamato, como o bendiocarbe e o propoxur, também visam o sistema nervoso dos mosquitos. São utilizados na pulverização e no tratamento de redes mosquiteiras. A resistência *dos Anopheles* aos carbamatos foi registada em várias regiões.

Combinações de piretróides com butóxido de piperonilo: Em zonas onde a resistência aos piretróides está generalizada, são utilizadas combinações de piretróides com butóxido de piperonilo (PBO) para aumentar a eficácia inseticida através da inibição das enzimas de desintoxicação nos mosquitos.

Mecanismos de resistência:

Resistência ao sítio alvo: As mutações nos locais-alvo dos insecticidas, como os canais de sódio dependentes de voltagem (resistência ao knockdown, kdr), reduzem a afinidade de ligação do inseticida, tornando-o ineficaz.

Resistência metabólica: Os mosquitos *Anopheles* podem desintoxicar os insecticidas através de vias metabólicas, como as monooxigenases do citocromo P450, as esterases e as glutationas S-transferases. A sobreexpressão ou o aumento da atividade das enzimas de desintoxicação podem conferir resistência.

Resistência comportamental: Algumas espécies de *Anopheles* apresentam adaptações comportamentais para evitar o contacto com insecticidas. Isto inclui mudanças no comportamento de alimentação e repouso, tais como morder e repousar ao ar livre, o que reduz a exposição a superfícies tratadas com insecticidas.

Estratégias para enfrentar a resistência:

Rotação e misturas de insecticidas: A rotação de diferentes classes de insecticidas ou a utilização de misturas com sinergistas pode retardar o desenvolvimento da resistência, ao visar múltiplas vias metabólicas.

Insecticidas alternativos: O desenvolvimento e a aplicação de insecticidas alternativos com diferentes modos de ação podem ultrapassar a resistência e proporcionar um controlo eficaz nas zonas resistentes.

Vigilância molecular: A monitorização da resistência aos insecticidas através de técnicas moleculares ajuda a identificar os mecanismos de resistência e a acompanhar a sua propagação, orientando a seleção de insecticidas e as estratégias de gestão da resistência.

Planos de gestão da resistência: A implementação de planos de gestão da resistência que integrem múltiplas intervenções de controlo, como o IVM, pode atenuar a resistência e prolongar a eficácia dos insecticidas.

Inovações no controlo dos vectores: Investir na investigação e no desenvolvimento de novas ferramentas de controlo de vectores, tais como novos insecticidas, agentes de controlo biológico e abordagens genéticas, pode proporcionar soluções sustentáveis para combater a resistência.

O combate à resistência aos insecticidas exige uma abordagem coordenada e multi-setorial que envolva governos, investigadores, agências de saúde pública e comunidades para preservar a eficácia das intervenções de controlo da malária baseadas em insecticidas e, em última análise, conseguir a eliminação da malária.

Mecanismos de resistência aos insecticidas nos mosquitos *Anopheles*

A resistência aos insecticidas nos mosquitos *Anopheles* refere-se à sua menor suscetibilidade ou imunidade total aos efeitos dos insecticidas, que são produtos químicos utilizados para controlar as populações de mosquitos e impedir a propagação de doenças como a malária. A resistência pode surgir devido a vários mecanismos que os mosquitos desenvolvem para ultrapassar os efeitos tóxicos dos insecticidas. Eis alguns dos principais mecanismos de resistência aos insecticidas nos mosquitos Anopheles:

Resistência ao sítio-alvo (ou Knockdown Resistance - kdr): Este tipo de resistência ocorre quando as mutações no código genético do mosquito alteram o local alvo do inseticida, reduzindo a sua capacidade de se ligar eficazmente. Uma das mutações mais conhecidas associadas à resistência aos piretróides nos mosquitos *Anopheles* é conhecida como mutação de resistência ao knockdown (kdr). Esta mutação afecta os canais de sódio dependentes da voltagem, que são o local alvo dos insecticidas piretróides, levando a uma redução da sensibilidade do nervo ao inseticida.

Resistência metabólica: A resistência metabólica envolve o aumento da desintoxicação ou do metabolismo dos insecticidas pelo mosquito. Enzimas como o citocromo P450, esterases e glutationa S-transferases (GSTs) desempenham um papel crucial na decomposição dos insecticidas, tornando-os menos tóxicos para o mosquito. Um aumento da atividade ou da expressão destas enzimas de desintoxicação pode conferir resistência.

Penetração reduzida: Os mosquitos podem desenvolver mecanismos para reduzir a penetração dos insecticidas nos seus corpos, minimizando assim a sua exposição aos compostos tóxicos. Isto pode envolver alterações na estrutura ou função da cutícula do mosquito, que é a camada exterior que actua como uma barreira aos insecticidas.

Resistência comportamental: Os mosquitos *Anopheles* podem apresentar adaptações comportamentais para evitar o contacto com insecticidas. Por exemplo, os mosquitos podem alterar o seu comportamento de alimentação ou de repouso para evitar superfícies tratadas ou momentos em que os insecticidas estão mais activos. Isto pode reduzir a sua exposição aos insecticidas e contribuir para a resistência.

Resistência cruzada: A resistência cruzada ocorre quando a resistência a uma classe de insecticidas confere resistência a outros insecticidas com modos de ação semelhantes. Por exemplo, os mosquitos que são resistentes aos piretróides podem também apresentar uma suscetibilidade reduzida a outros insecticidas neurotóxicos, como o DDT ou os organofosforados.

Interações sinérgicas: As interações sinérgicas envolvem o efeito combinado de múltiplos mecanismos de resistência, conduzindo a níveis de resistência mais elevados do que seria de esperar de cada mecanismo isoladamente. Por exemplo, um mosquito pode possuir tanto mutações no local alvo como uma maior desintoxicação metabólica, o que resulta numa maior resistência aos insecticidas.

Os mecanismos de resistência aos insecticidas nos mosquitos *Anopheles* são cruciais para a conceção de estratégias eficazes de controlo dos vectores. As abordagens integradas de gestão de vectores que combinam vários métodos de controlo e alternam insecticidas com diferentes modos de ação podem ajudar a atenuar o desenvolvimento e a propagação da resistência aos insecticidas nas populações de mosquitos. Além disso, a vigilância contínua dos padrões de resistência e a investigação de novos insecticidas e ferramentas de controlo de vectores são essenciais para combater a ameaça evolutiva da resistência aos insecticidas nos vectores da malária.

Estratégias de gestão e atenuação da resistência aos insecticidas

A gestão e a atenuação da resistência aos insecticidas nos mosquitos *Anopheles* requerem uma abordagem abrangente que integre várias estratégias destinadas a prolongar a eficácia dos insecticidas e a manter a sua eficácia no controlo dos vectores da malária. Eis algumas das principais estratégias para gerir e atenuar a resistência aos insecticidas:

Utilização de várias classes de insecticidas: A rotação entre diferentes classes de insecticidas com diferentes modos de ação pode ajudar a prevenir ou retardar o desenvolvimento de resistência. Esta estratégia reduz a pressão de seleção sobre as populações de mosquitos, dificultando o desenvolvimento de resistência a uma única classe de inseticida.

Misturas de insecticidas: A utilização de misturas de insecticidas que combinam dois ou mais ingredientes activos com diferentes modos de ação pode atrasar o aparecimento de resistência. É menos provável que as misturas sejam superadas por mosquitos que possuam resistência a um dos insecticidas da combinação.

Rotação espacial e temporal: A rotação espacial (entre diferentes áreas geográficas) e temporal (entre diferentes estações ou períodos de transmissão) dos insecticidas pode interromper a pressão de seleção da resistência e impedir a sua propagação. Esta abordagem exige coordenação e monitorização para garantir uma aplicação eficaz.

Aplicação direcionada: A implementação da aplicação orientada de insecticidas com base em dados de vigilância de vectores e perfis de resistência pode otimizar a utilização de insecticidas, minimizando o risco de desenvolvimento de resistência. Isto implica concentrar a utilização de insecticidas em áreas onde a resistência é baixa e evitar aplicações desnecessárias em áreas com elevada resistência.

Técnicas de aplicação melhoradas: O aumento da eficácia da aplicação de insecticidas através de técnicas melhoradas, como a dosagem, o momento e a cobertura adequados, pode maximizar a eficácia do inseticida e reduzir a probabilidade de resistência. Isto inclui assegurar a manutenção adequada do equipamento de pulverização e a formação do pessoal.

Gestão integrada de vectores (IVM): A implementação de abordagens de gestão integrada de vectores que combinem múltiplas intervenções de controlo de vectores, como o controlo de larvas, a gestão ambiental e a utilização de agentes de controlo biológico, juntamente com métodos baseados em insecticidas, pode reduzir a dependência de insecticidas e minimizar a pressão de seleção para a resistência.

Monitorização e vigilância: A monitorização regular das populações de mosquitos quanto à resistência aos insecticidas é essencial para a deteção precoce da resistência e para informar as estratégias de controlo. Os dados de vigilância podem orientar as decisões sobre a escolha do inseticida, a dosagem e os métodos de aplicação para manter a eficácia.

Investigação e desenvolvimento de novos insecticidas: Investir na investigação e desenvolvimento de novos insecticidas com novos modos de ação pode fornecer ferramentas alternativas para o controlo de vectores e ultrapassar os mecanismos de resistência existentes. Isto inclui a exploração de produtos naturais, reguladores de crescimento de insectos e agentes microbianos como potenciais compostos insecticidas.

Envolvimento e educação da comunidade: O envolvimento das comunidades nos esforços de controlo dos vectores e a promoção da sensibilização para a importância da resistência aos insecticidas e das práticas sustentáveis de controlo dos vectores podem fomentar o apoio às intervenções de controlo e garantir a sua eficácia a longo prazo.

Ao aplicar estas estratégias de forma coordenada e adaptativa, é possível gerir e atenuar a resistência aos insecticidas nos mosquitos *Anopheles*, preservando assim a eficácia dos insecticidas para o controlo dos vectores da malária e contribuindo para a redução da transmissão da malária.

CAPÍTULO- 8

CONHECIMENTOS GENÉTICOS SOBRE A BIOLOGIA DOS ANOPHELES

Os estudos genéticos forneceram informações valiosas sobre a biologia dos mosquitos *Anopheles*, particularmente no que diz respeito à sua capacidade de vectorização, preferências do hospedeiro, comportamento e suscetibilidade aos insecticidas. Apresentamos de seguida alguns dos principais conhecimentos genéticos sobre a biologia dos Anopheles:

Competência do vetor: Os estudos genéticos revelaram genes específicos e vias moleculares envolvidas na competência vetorial dos mosquitos *Anopheles*, ou seja, a sua capacidade de adquirir, albergar e transmitir parasitas da malária (*Plasmodium* spp.). A compreensão da base genética da competência do vetor pode ajudar a identificar alvos para intervenções de controlo do vetor.

Preferência por hospedeiros e comportamento alimentar: Os mosquitos *Anopheles* apresentam preferências por diferentes espécies de hospedeiros com base em factores genéticos. Estudos genéticos identificaram genes associados ao comportamento de procura de hospedeiros, ao olfato e à perceção do sabor, que influenciam a escolha das fontes de refeição de sangue e as preferências do hospedeiro.

Comportamento de alimentação e repouso: Os factores genéticos influenciam o comportamento de alimentação e repouso dos mosquitos *Anopheles*, incluindo a sua tendência para se alimentarem em ambientes fechados ou ao ar livre, de noite ou de dia, e em seres humanos ou outros animais. A compreensão da base genética destes comportamentos pode servir de base a estratégias específicas de controlo dos vectores.

Resistência aos insecticidas: Os estudos genéticos elucidaram os mecanismos de resistência aos insecticidas nos mosquitos *Anopheles*, incluindo mutações nos genes alvo (por exemplo, resistência por knockdown - kdr) e regulação positiva das enzimas de desintoxicação. O conhecimento destes mecanismos genéticos é essencial para monitorizar a resistência e desenvolver medidas de controlo eficazes.

Genética Populacional e Evolução: Os estudos da diversidade genética e da estrutura populacional dos mosquitos *Anopheles* fornecem informações sobre a sua história evolutiva, padrões de migração e adaptação a diferentes ambientes. A compreensão da base genética da dinâmica populacional pode informar as estratégias de controlo da malária, particularmente em regiões com elevada intensidade de transmissão.

Tecnologias genómicas: Os avanços nas tecnologias genómicas, como a sequenciação de nova geração (NGS) e as ferramentas de edição do genoma como o CRISPR-Cas9, permitiram uma análise exaustiva do genoma *do Anopheles*. Os estudos de associação de todo o genoma (GWAS), a transcriptómica e as abordagens de genómica funcional facilitam a identificação de genes associados a caraterísticas e vias importantes.

Identificação de espécies e taxonomia: Os marcadores genéticos, como as sequências de ADN dos genes mitocondriais e nucleares, são utilizados para a identificação das espécies e a classificação taxonómica dos mosquitos *Anopheles*. A identificação exacta das espécies é crucial para compreender a distribuição dos vectores, os comportamentos e a dinâmica de transmissão das doenças.

Interações entre Parasitas e Vectores: Os estudos genéticos dos mosquitos *Anopheles* e dos parasitas da malária contribuem para a nossa compreensão das interações complexas entre vectores e parasitas. Isto inclui a investigação de factores genéticos que influenciam a suscetibilidade dos vectores a diferentes espécies de Plasmodium e a dinâmica co-evolutiva entre os mosquitos e os parasitas da malária.

De um modo geral, os conhecimentos genéticos sobre a biologia *do Anopheles* constituem uma base para a compreensão dos factores que influenciam a transmissão da malária e para o desenvolvimento de abordagens orientadas para o controlo do vetor e a prevenção da doença. A investigação contínua neste domínio é essencial para fazer avançar os nossos conhecimentos sobre a biologia dos mosquitos e melhorar os esforços de controlo da malária.

Investigação genómica sobre os mosquitos Anopheles: implicações para o controlo da malária

A investigação genómica sobre os mosquitos *Anopheles* produziu conhecimentos valiosos sobre a sua biologia, comportamento e interações com os parasitas da malária, com implicações significativas para os esforços de controlo da malária. Eis algumas das principais implicações da investigação genómica para o controlo da malária:

Identificação de espécies de vectores: Os estudos genómicos facilitaram a identificação e a classificação precisas das espécies de *Anopheles*, incluindo as que têm capacidade de transmissão da malária. Este conhecimento ajuda a dar prioridade aos esforços de controlo e a orientar as intervenções para as regiões onde os vectores da malária são mais prevalecentes.

Compreender a biologia dos vectores: A investigação genómica aprofundou a nossa compreensão da base genética das caraterísticas vectoriais dos mosquitos *Anopheles*, como a preferência pelo hospedeiro, o comportamento alimentar e a resistência aos insecticidas. Ao elucidar os mecanismos moleculares subjacentes a estas caraterísticas, os investigadores podem desenvolver estratégias de controlo específicas para interromper os ciclos de transmissão da malária.

Deteção da resistência aos insecticidas: As abordagens genómicas permitiram a identificação de marcadores genéticos associados à resistência aos insecticidas nos mosquitos *Anopheles*. Ao monitorizar estes marcadores, os investigadores e as autoridades de saúde pública podem acompanhar o aparecimento e a propagação da resistência e ajustar as estratégias de controlo em conformidade.

Desenvolvimento de novas ferramentas de controlo: A investigação genómica fornece informações sobre potenciais alvos para novas ferramentas de controlo de vectores, tais como insecticidas com novos modos de ação ou técnicas de modificação genética para suprimir as populações de mosquitos. Ao tirar partido dos dados genómicos, os investigadores podem identificar genes e vias candidatos que podem ser manipulados para aumentar a eficácia das intervenções de controlo.

Genética de populações e dinâmica evolutiva: Os estudos genómicos das populações de *Anopheles* revelam padrões de diversidade genética, estrutura populacional e dinâmica evolutiva. A compreensão destes aspectos é essencial para prever a propagação da resistência aos insecticidas, avaliar o impacto das intervenções de controlo e conceber estratégias para atenuar o risco de emergência de resistência.

Interações Vetor-Parasita: A investigação genómica lança luz sobre as interações moleculares entre os mosquitos *Anopheles* e os parasitas da malária, incluindo os factores que influenciam a suscetibilidade do vetor, o desenvolvimento do parasita e a eficiência da transmissão. Este conhecimento informa os esforços para interromper a transmissão, visando as vulnerabilidades na interação vetor-parasita.

Previsão dos pontos críticos de transmissão da malária: Os dados genómicos podem ser integrados com dados ambientais e epidemiológicos para desenvolver modelos de previsão da dinâmica da transmissão da malária. Ao identificar factores ambientais e determinantes genéticos associados à competência dos vectores e à transmissão da malária, os investigadores podem identificar áreas de alto risco e adaptar as intervenções de controlo em conformidade.

Vigilância e monitorização melhoradas: As ferramentas genómicas permitem uma vigilância mais precisa e abrangente das populações de *Anopheles*, das estirpes de parasitas e dos mecanismos de resistência aos insecticidas. Ao incorporar os dados genómicos nos sistemas de vigilância, as autoridades de saúde pública podem detetar alterações nas populações de vectores e nas estirpes de parasitas em tempo real, facilitando intervenções atempadas e orientadas.

De um modo geral, a investigação genómica sobre os mosquitos *Anopheles* melhora a nossa compreensão da dinâmica da transmissão da malária e contribui para o desenvolvimento de estratégias baseadas em provas para o controlo e a eliminação da malária. Tirando partido dos dados genómicos e integrando-os com outras disciplinas, os investigadores e os profissionais de saúde pública podem fazer avançar os esforços de combate à malária e reduzir o peso desta doença devastadora.

Determinantes genéticos da competência e resistência do vetor

Os determinantes genéticos desempenham um papel significativo na formação da competência e resistência do vetor dos mosquitos Anopheles, influenciando a sua capacidade de transmitir os parasitas da malária e a sua resistência aos insecticidas. Eis um olhar mais atento sobre os factores genéticos envolvidos na competência e resistência do vetor:

Competência Vetorial:

a. Respostas imunitárias: Os mosquitos *Anopheles* possuem respostas imunitárias inatas que podem limitar ou facilitar o desenvolvimento de parasitas da malária nos seus corpos. A variação genética nos genes relacionados com a imunidade pode influenciar a capacidade do mosquito para reconhecer e montar uma resposta imunitária contra os parasitas invasores.

b. Receptores do intestino médio: Os receptores do intestino médio do mosquito desempenham um papel crucial na determinação da compatibilidade entre o mosquito e os parasitas da malária. A variação genética nos receptores do intestino médio pode afetar a capacidade dos parasitas de se fixarem, invadirem e desenvolverem no intestino médio do mosquito.

c. Proteínas das glândulas salivares: As proteínas das glândulas salivares dos mosquitos *Anopheles* desempenham um papel na transmissão dos parasitas da malária aos hospedeiros vertebrados. A variação genética das proteínas das glândulas salivares pode influenciar a eficiência da transmissão do parasita e a intensidade das respostas imunitárias do hospedeiro.

d. Regulação epigenética: Os mecanismos epigenéticos, como a metilação do ADN e as modificações das histonas, podem modular os padrões de expressão dos genes nos mosquitos *Anopheles* em resposta a estímulos ambientais. As alterações epigenéticas podem afetar a suscetibilidade do mosquito aos parasitas da malária e a sua capacidade de transmitir a infeção.

Resistência aos insecticidas:

a. Mutações no sítio-alvo: As mutações genéticas nos locais-alvo dos insecticidas podem conferir resistência, reduzindo a afinidade de ligação dos insecticidas às suas moléculas-alvo. Por exemplo, as mutações no gene do canal de sódio controlado por voltagem (kdr) podem conferir resistência aos insecticidas piretróides.

b. Enzimas metabólicas: Os mosquitos *Anopheles* podem metabolizar e desintoxicar insecticidas através da ação de enzimas de desintoxicação, como o citocromo P450, esterases e glutatião S-transferases (GST). A variação genética destas enzimas pode levar a um aumento da desintoxicação metabólica e da resistência aos insecticidas.

c. Proteínas cuticulares: A cutícula do mosquito actua como uma barreira aos insecticidas e a variação genética das proteínas cuticulares pode afetar a permeabilidade da cutícula aos insecticidas. As alterações nas proteínas cuticulares podem reduzir a penetração dos insecticidas no corpo do mosquito, contribuindo para a resistência.

d. Proteínas de transporte: Os transportadores de ATP-binding cassette (ABC) e outras proteínas de transporte membranares podem bombear ativamente os insecticidas para fora das células do mosquito, reduzindo a sua toxicidade. A variação genética destas proteínas de transporte pode influenciar o efluxo de insecticidas e contribuir para a resistência.

Os determinantes genéticos da competência e resistência do vetor nos mosquitos *Anopheles* são essenciais para o desenvolvimento de estratégias eficazes de controlo da malária. Ao visar factores genéticos específicos envolvidos nas interações vetor-parasita e na resistência aos insecticidas, os investigadores podem desenvolver novas intervenções para interromper a transmissão da malária e atenuar a propagação da resistência nas populações de mosquitos.

CAPÍTULO- 9

FACTORES AMBIENTAIS QUE INFLUENCIAM A ABUNDÂNCIA DE ANOPHELES

A abundância de mosquitos *Anopheles* é influenciada por vários factores ambientais que afectam a sua reprodução, desenvolvimento e sobrevivência. A compreensão destes factores é crucial para a implementação de estratégias eficazes de controlo de vectores para reduzir a transmissão da malária. Eis alguns dos principais factores ambientais que influenciam a abundância de *Anopheles*:

Temperatura: A temperatura desempenha um papel fundamental no desenvolvimento e sobrevivência dos mosquitos *Anopheles*. As temperaturas mais quentes aceleram as taxas de desenvolvimento dos mosquitos, encurtando o tempo necessário para que as larvas se transformem em adultos. Além disso, as temperaturas mais quentes podem aumentar a atividade dos mosquitos e as taxas de picada, levando a densidades populacionais mais elevadas.

Humidade: Os mosquitos *Anopheles* necessitam de níveis de humidade elevados para a eclosão dos ovos e o desenvolvimento das larvas. Os ambientes húmidos proporcionam condições adequadas para a reprodução dos mosquitos, especialmente em massas de água estagnada, como lagoas, pântanos e campos de arroz. No entanto, níveis de humidade excessivamente elevados podem também promover o crescimento de predadores naturais e concorrentes dos mosquitos.

Precipitação e humidade: É necessária uma precipitação adequada para criar e manter os habitats de reprodução dos mosquitos. A precipitação pode criar massas de água temporárias ou permanentes, como poças, valas e zonas inundadas, que servem de locais ideais para a reprodução dos mosquitos Anopheles. No entanto, a precipitação excessiva pode arrastar as larvas dos mosquitos ou perturbar os locais de reprodução.

Topografia e hidrologia: Os mosquitos *Anopheles* preferem tipos específicos de massas de água para reprodução, dependendo das suas caraterísticas hidrológicas e topográficas. As massas de água pouco profundas, iluminadas pelo sol e de movimento lento, como lagoas, pântanos e arrozais, são habitats favoráveis à reprodução. Além disso, os locais de recolha de água naturais e artificiais, como rastos de pneus e contentores, podem constituir criadouros adequados para os mosquitos.

Vegetação e uso do solo: O coberto vegetal e as práticas de utilização do solo influenciam a abundância de mosquitos, fornecendo locais de repouso e abrigo adequados para os mosquitos adultos e matéria orgânica para a nutrição das larvas. A desflorestação, a urbanização e as actividades agrícolas podem alterar os habitats dos mosquitos e aumentar o contacto homem-mosquito, conduzindo a taxas de transmissão mais elevadas.

Altitude: A distribuição e a abundância de *Anopheles* variam com a altitude devido a mudanças de temperatura, humidade e vegetação. Em geral, as altitudes mais baixas com temperaturas mais quentes e locais de reprodução adequados tendem a ter maior abundância de mosquitos e taxas de transmissão do paludismo. No entanto, algumas zonas de altitude também podem registar transmissão de paludismo se as condições ambientais forem propícias à reprodução de mosquitos.

Variação sazonal: A abundância de *Anopheles* apresenta uma variação sazonal, com flutuações em resposta a mudanças nas condições ambientais, como a temperatura, a precipitação e a humidade. O pico da abundância de mosquitos coincide frequentemente com a estação das chuvas, quando os locais de reprodução são abundantes. No entanto, nalgumas regiões, a transmissão da malária pode persistir durante todo o ano ou apresentar padrões sazonais distintos.

A interação destes factores ambientais, as autoridades de saúde pública e os programas de controlo de vectores podem implementar intervenções específicas para reduzir a abundância do mosquito *Anopheles* e a transmissão da malária. Isto pode incluir a gestão da fonte de larvas, a modificação do habitat, a pulverização de insecticidas e o envolvimento da comunidade para minimizar o contacto humano-mosquito.

Factores ambientais da dinâmica das populações de *Anopheles*

A dinâmica populacional dos mosquitos *Anopheles*, em especial das espécies que são vectores da malária, é influenciada por uma série de factores ambientais. A compreensão destes factores ambientais é crucial para prever a abundância, distribuição e risco de transmissão da malária. Eis alguns dos principais factores ambientais que influenciam a dinâmica das populações de *Anopheles*:

Temperatura: A temperatura desempenha um papel fundamental no desenvolvimento e sobrevivência dos mosquitos *Anopheles*. As temperaturas quentes aceleram o desenvolvimento das larvas dos mosquitos e reduzem o tempo necessário para que estes completem o seu ciclo de vida. Além disso, a temperatura afecta o período de incubação extrínseco dos parasitas da malária nos mosquitos, influenciando a dinâmica de transmissão da doença.

Precipitação e humidade: A precipitação adequada cria locais de reprodução para os mosquitos Anopheles, enchendo as massas de água naturais e artificiais onde se desenvolvem as larvas dos mosquitos. Níveis elevados de humidade também promovem a sobrevivência e a atividade dos mosquitos. No entanto, a precipitação excessiva pode levar à destruição dos locais de reprodução dos mosquitos ou diluir os habitats das larvas, reduzindo temporariamente a abundância de mosquitos.

Corpos de água: Os mosquitos *Anopheles* necessitam de corpos de água para se reproduzirem, e diferentes espécies exibem preferências por tipos específicos de locais de reprodução. Estes podem incluir corpos de água estagnados, como poças, lagoas, campos de arroz e pântanos, bem como recipientes feitos pelo homem, como tanques de armazenamento de água, pneus fora de uso e calhas entupidas. A presença e a disponibilidade de locais de reprodução adequados influenciam fortemente as densidades populacionais de Anopheles.

Vegetação e cobertura do solo: O coberto vegetal pode influenciar a abundância de mosquitos, fornecendo locais de repouso e abrigo para mosquitos adultos e influenciando as condições microclimáticas. A desflorestação, as alterações do uso do solo e as práticas agrícolas podem alterar os habitats e os locais de reprodução dos mosquitos, afectando a dinâmica das populações. A densidade da vegetação também afecta o comportamento de procura de hospedeiros e as preferências de refeição de sangue dos mosquitos *Anopheles*.

Altitude e topografia: A altitude e a topografia influenciam as condições climáticas locais, que por sua vez afectam a distribuição e a abundância dos mosquitos. As espécies de *Anopheles* apresentam faixas altitudinais específicas e preferências baseadas na temperatura e noutros factores ambientais. As regiões montanhosas podem ter menos mosquitos em altitudes mais elevadas devido a temperaturas mais baixas e habitats menos adequados.

Urbanização e assentamentos humanos: As áreas urbanas podem criar condições favoráveis para os mosquitos *Anopheles* através da criação de locais de reprodução artificiais, como valas de drenagem, esgotos e contentores. Além disso, a urbanização pode levar a um maior contacto homem-mosquito, contribuindo para taxas de transmissão da malária mais elevadas em áreas densamente povoadas.

Variabilidade sazonal e climática: As alterações sazonais, como as estações húmidas e secas, influenciam a abundância de mosquitos, afectando a disponibilidade de locais de reprodução e a sobrevivência das larvas de mosquitos. A variabilidade climática, incluindo fenómenos como El Niño e La Niña, também pode influenciar a dinâmica da população de mosquitos, alterando os padrões de temperatura e precipitação a uma escala maior.

Actividades humanas e utilização da terra: As actividades humanas como a desflorestação, a expansão agrícola, a irrigação e a construção podem modificar os ecossistemas locais e criar novos locais de reprodução para os mosquitos *Anopheles*. As mudanças no uso da terra podem alterar a distribuição das populações de mosquitos e os padrões de transmissão da malária.

Ao considerar estes factores ambientais e as suas interações, os investigadores e os profissionais de saúde pública podem desenvolver intervenções específicas para monitorizar e controlar as populações de mosquitos *Anopheles*, reduzir a transmissão da malária e atenuar o impacto desta doença mortal. As estratégias integradas de gestão de vectores que abordam os determinantes ambientais e socioeconómicos do risco de malária são essenciais para esforços eficazes de controlo e eliminação da malária.

Impacto das alterações climáticas e da modificação do habitat na ecologia de *Anopheles*

Os factores ambientais desempenham um papel crucial na definição da dinâmica populacional e da ecologia dos mosquitos *Anopheles*, que são os principais vectores da malária. As alterações nos padrões climáticos e a modificação do habitat podem ter impactos significativos na abundância e distribuição dos Anopheles. Eis alguns dos principais factores ambientais que influenciam a dinâmica e a ecologia da população de Anopheles, incluindo o impacto das alterações climáticas e da modificação do habitat:

Temperatura: A temperatura tem um efeito profundo no desenvolvimento, sobrevivência e comportamento dos mosquitos *Anopheles*. As temperaturas mais elevadas aceleram geralmente o desenvolvimento dos mosquitos e aumentam as suas taxas de reprodução. As mudanças nos regimes de temperatura podem alterar a distribuição geográfica das espécies de *Anopheles* e afetar a sua abundância sazonal.

Precipitação e humidade: Os padrões de precipitação e os níveis de humidade influenciam a disponibilidade de locais de reprodução para os mosquitos *Anopheles*. A precipitação intensa pode criar habitats de reprodução temporários, enquanto as secas prolongadas podem reduzir a disponibilidade de água e limitar a reprodução dos mosquitos. Níveis elevados de humidade favorecem a sobrevivência dos mosquitos e contribuem para a sua abundância.

Corpos de água e locais de reprodução: Os mosquitos *Anopheles* necessitam de massas de água adequadas para a oviposição e desenvolvimento larvar. As massas de água naturais, como rios, riachos, pântanos e lagoas, bem como os habitats criados pelo homem, como canais de irrigação, campos de arroz e contentores de armazenamento de água, servem de locais de reprodução. As mudanças na utilização da terra, as práticas de gestão da água e a alteração do habitat podem criar ou eliminar locais de reprodução, afectando a abundância de mosquitos.

Vegetação e cobertura do solo: O tipo de vegetação e a cobertura do solo influenciam a disponibilidade de locais de repouso e de abrigo para os mosquitos *Anopheles*. As áreas florestais proporcionam habitats adequados para algumas espécies de *Anopheles*, enquanto a desflorestação e a limpeza do solo podem alterar os microclimas locais e perturbar a ecologia dos mosquitos. As práticas agrícolas e a urbanização também podem modificar as paisagens, criando novos habitats de reprodução ou reduzindo a adequação do habitat dos mosquitos.

Altitude e topografia: A distribuição dos Anopheles é influenciada pela altitude e pelas caraterísticas topográficas, como montanhas, vales e encostas.

Diferentes espécies de *Anopheles* apresentam preferências por faixas altitudinais e habitats específicos. As alterações de altitude devidas a mudanças no uso da terra ou à variabilidade climática podem afetar os padrões de distribuição dos mosquitos.

Alterações climáticas: As alterações climáticas estão a alterar os padrões de temperatura e precipitação a nível mundial, com impacto na ecologia *do Anopheles* e na dinâmica de transmissão da malária. O aumento das temperaturas pode alargar a área geográfica dos mosquitos *Anopheles* e prolongar as suas épocas de reprodução. As mudanças nos padrões de precipitação podem levar a flutuações na abundância de mosquitos e alterar a distribuição espacial da transmissão da malária.

Modificação do habitat e urbanização: As actividades humanas como a urbanização, a desflorestação, a expansão agrícola e o desenvolvimento de infra-estruturas podem modificar os habitats de *Anopheles* e criar novas oportunidades para a reprodução de mosquitos. Ambientes urbanos com corpos de água artificiais, saneamento deficiente e gestão inadequada de resíduos podem suportar altas densidades de mosquitos e aumentar o risco de transmissão da malária.

Intervenções de controlo dos vectores: As medidas de controlo dos vectores, como os mosquiteiros tratados com inseticida, a pulverização residual em interiores e o controlo das larvas, podem influenciar a dinâmica das populações de *Anopheles*, reduzindo a abundância de mosquitos e a transmissão da malária. No entanto, a eficácia destas intervenções pode ser influenciada por factores ambientais e por alterações no comportamento e na resistência dos mosquitos.

As interações complexas entre os factores ambientais, as alterações climáticas, a modificação do habitat e a ecologia *dos Anopheles* são essenciais para prever os riscos de transmissão da malária e conceber estratégias de controlo eficazes. As abordagens integradas que têm em conta a gestão ambiental, a adaptação ao clima e o desenvolvimento sustentável são fundamentais para atenuar o impacto das alterações ambientais nas populações de vectores da malária e reduzir o fardo da malária.

CAPÍTULO -10

URBANIZAÇÃO E DOENÇAS TRANSMITIDAS POR ANOPHELES

A urbanização influencia significativamente a dinâmica dos mosquitos *Anopheles* e a transmissão de doenças que transportam, como a malária. Eis alguns aspectos fundamentais do impacto da urbanização nas doenças transmitidas por Anopheles:

Alteração do habitat: A urbanização envolve frequentemente a modificação do habitat, incluindo alterações na utilização do solo, desflorestação e criação de corpos de água artificiais, tais como lagoas, valas e canais de drenagem. Essas alterações podem criar novos locais de reprodução para os mosquitos *Anopheles* ou modificar os já existentes, levando a mudanças na dinâmica da população de mosquitos e nos padrões de transmissão de doenças.

Densidade da população humana: As zonas urbanas têm tipicamente densidades populacionais humanas mais elevadas, o que pode aumentar a probabilidade de contacto com mosquitos humanos e facilitar a transmissão de doenças. As condições de vida sobrelotadas, em particular nos aglomerados informais ou bairros de lata, podem exacerbar a propagação de doenças transmitidas por *Anopheles* devido ao acesso limitado a habitação, saneamento e cuidados de saúde adequados.

Condições climáticas e microclimáticas: Os ambientes urbanos apresentam frequentemente condições microclimáticas, como temperaturas mais elevadas e uma cobertura vegetal reduzida, que podem influenciar a abundância e a atividade dos mosquitos *Anopheles*. As alterações climáticas exacerbam estes efeitos ao alterarem os padrões de temperatura e precipitação, expandindo potencialmente a área geográfica dos mosquitos *Anopheles* e prolongando a época de transmissão.

Agricultura urbana e espaços verdes: A agricultura urbana, as hortas nos quintais e os espaços verdes dentro das cidades fornecem locais de reprodução adicionais e áreas de repouso para os mosquitos *Anopheles*. Os sistemas de irrigação e os contentores de armazenamento de água mal geridos nas zonas urbanas podem servir de locais de reprodução produtivos, aumentando o risco de transmissão de doenças.

Deslocação e viagens humanas: A urbanização está frequentemente associada ao aumento da mobilidade humana e das deslocações, o que pode contribuir para a propagação de doenças *transmitidas por* Anopheles entre as zonas urbanas e rurais. Os indivíduos infectados que viajam de áreas endémicas para centros urbanos podem introduzir parasitas da malária em novos locais, levando a surtos localizados.

Desenvolvimento de infra-estruturas: O desenvolvimento de infra-estruturas, como a construção de estradas, barragens e projectos de expansão urbana, pode alterar a hidrologia local e criar habitats de reprodução adequados para os mosquitos *Anopheles*. Infra-estruturas mal concebidas podem agravar as inundações, levando a um aumento dos locais de reprodução dos mosquitos e do risco de transmissão de doenças.

Factores socioeconómicos: A urbanização influencia factores socioeconómicos como o acesso a cuidados de saúde, educação e oportunidades de emprego, que por sua vez afectam a vulnerabilidade das populações urbanas às doenças *transmitidas por* Anopheles. As comunidades socioeconomicamente desfavorecidas podem enfrentar barreiras no acesso a medidas preventivas e ao tratamento, agravando o fardo da doença.

Desafios do controlo vetorial: Os ambientes urbanos colocam desafios únicos às intervenções de controlo de vectores que visam os mosquitos *Anopheles*. As elevadas densidades populacionais, a propriedade fragmentada da terra e as paisagens urbanas complexas podem dificultar a implementação de medidas eficazes de controlo de vectores, como a pulverização residual em interiores e a distribuição de mosquiteiros tratados com inseticida.

Para enfrentar os desafios de saúde pública associados às doenças *transmitidas por* Anopheles nas zonas urbanas são necessárias abordagens integradas e multissectoriais que tenham em conta as interações complexas entre factores ambientais, socioeconómicos e demográficos. Estas abordagens devem dar prioridade a intervenções específicas de controlo de vectores, a um melhor acesso aos serviços de saúde, ao envolvimento da comunidade e a um planeamento urbano sustentável para mitigar o impacto da urbanização na malária e noutras doenças *transmitidas por* Anopheles.

A urbanização e os seus efeitos na distribuição de *Anopheles* e na transmissão da malária

A urbanização afecta profundamente a distribuição dos mosquitos *Anopheles* e a dinâmica de transmissão da malária. Eis como a urbanização influencia a distribuição *dos Anopheles* e a transmissão da malária:

Habitat alterado: A urbanização leva a mudanças significativas na utilização do solo, resultando na transformação de habitats naturais em paisagens urbanas caracterizadas por ambientes construídos, estradas e infra-estruturas. Esta transformação elimina ou modifica frequentemente os locais naturais de reprodução dos mosquitos, como pântanos e zonas húmidas, ao mesmo tempo que cria novos habitats de reprodução, incluindo corpos de água artificiais como esgotos, valas e contentores. Consequentemente, a distribuição dos mosquitos *Anopheles* passa de zonas predominantemente rurais para zonas urbanas e periurbanas.

Densidade da população humana: As zonas urbanas têm normalmente densidades populacionais humanas mais elevadas do que as zonas rurais. A concentração de pessoas em ambientes urbanos aumenta a disponibilidade de refeições de sangue para os mosquitos *Anopheles*, promovendo assim a sua proliferação e facilitando a transmissão da malária. Além disso, as populações humanas densas fornecem uma fonte constante de hospedeiros para os parasitas da malária, perpetuando os ciclos de transmissão em ambientes urbanos.

Modificações Microclimáticas: A urbanização altera as condições microclimáticas locais, incluindo a temperatura, a humidade e os padrões de vento. As ilhas de calor urbanas, criadas pela abundância de superfícies de betão e asfalto nas cidades, podem levar a temperaturas elevadas, o que pode acelerar o desenvolvimento dos mosquitos *Anopheles* e reduzir o período de incubação extrínseco dos parasitas da malária. Além disso, as paisagens urbanas sofrem frequentemente uma redução da cobertura vegetal, o que afecta os locais de repouso dos mosquitos e influencia o seu comportamento e distribuição.

Adaptação do vetor: Os mosquitos *Anopheles* apresentam adaptações comportamentais e fisiológicas aos ambientes urbanos. Certas espécies podem apresentar alterações nas preferências alimentares, nos padrões de picada e nos comportamentos de repouso em resposta à urbanização. Por exemplo, algumas espécies de *Anopheles* podem apresentar uma preferência por se alimentar de seres humanos em ambientes fechados devido à abundância de hospedeiros humanos em áreas urbanas, contribuindo para taxas mais elevadas de transmissão da malária em ambientes fechados.

Factores socioeconómicos: A urbanização está associada a mudanças socioeconómicas que influenciam a dinâmica da transmissão da malária. Embora as populações urbanas tenham geralmente melhor acesso a serviços de saúde, as disparidades socioeconómicas nas zonas urbanas podem exacerbar o risco de paludismo entre as comunidades marginalizadas que vivem em povoações informais ou bairros de lata. O acesso limitado a habitação, saneamento e cuidados de saúde adequados aumenta a vulnerabilidade à malária e impede esforços eficazes de controlo da malária.

Desafios do controlo vetorial: Os ambientes urbanos colocam desafios únicos às intervenções de controlo de vectores que visam os mosquitos *Anopheles*. A natureza densa e heterogénea das paisagens urbanas, associada a padrões complexos de propriedade da terra, pode impedir a implementação de medidas de controlo de vectores, como a pulverização residual em interiores, a gestão de fontes de larvas e a distribuição de redes mosquiteiras tratadas com inseticida. Além disso, a resistência aos insecticidas entre as populações urbanas de mosquitos pode comprometer a eficácia das estratégias convencionais de controlo de vectores.

De um modo geral, a urbanização influencia significativamente a distribuição de *Anopheles* e a dinâmica da transmissão da malária, alterando a disponibilidade de habitat, a densidade da população humana, as condições microclimáticas, a adaptação dos vectores, os factores socioeconómicos e os desafios do controlo dos vectores. O controlo eficaz do paludismo nas zonas urbanas exige abordagens integradas e específicas do contexto que tratem estas interações complexas e potenciem as parcerias multissectoriais para atenuar o risco de paludismo e melhorar os resultados da saúde urbana.

Estratégias de controlo da malária em ambientes urbanos

O controlo da malária nas zonas urbanas apresenta desafios únicos devido à complexidade dos ambientes urbanos, às elevadas densidades populacionais e aos factores socioeconómicos. As estratégias eficazes de controlo da malária nas zonas urbanas requerem abordagens integradas e específicas do contexto que tratem da dinâmica específica da transmissão da malária urbana. Eis algumas estratégias para o controlo da malária em ambientes urbanos:

Vigilância e cartografia dos vectores: Realizar uma vigilância exaustiva das populações de mosquitos *Anopheles* para monitorizar a sua distribuição, abundância e perfis de resistência aos insecticidas nas zonas urbanas. Utilizar a cartografia espacial e os sistemas de informação geográfica (SIG) para identificar áreas de alto risco e direcionar eficazmente as intervenções.

Intervenções de controlo dos vectores:

Implementar a pulverização residual interna (IRS) de insecticidas para atingir os mosquitos *Anopheles* que repousam dentro de casa.

Distribuir redes mosquiteiras tratadas com inseticida (ITN) e redes mosquiteiras tratadas com inseticida de longa duração (LLIN) para proteger os residentes das picadas de mosquitos, especialmente durante as horas de sono.

Conduzir a gestão da fonte de larvas (LSM) para identificar e tratar potenciais locais de reprodução de mosquitos, tais como corpos de água estagnados, drenos e contentores, para reduzir as populações de mosquitos.

Educação para a saúde e comunicação sobre mudança de comportamento (BCC):

> ➤ Sensibilizar os residentes urbanos para os riscos de transmissão da malária e para a importância de medidas preventivas como a utilização de mosquiteiros, a procura de tratamento imediato para a febre e a drenagem de águas estagnadas.

> ➤ Promover a mudança de comportamentos através do envolvimento da comunidade, de programas escolares e de campanhas nos meios de comunicação social para encorajar a adoção de medidas preventivas e a procura de tratamento precoce.

Melhoria do acesso aos serviços de saúde:

➤ Reforçar a capacidade das unidades de saúde urbanas para diagnosticar e tratar a malária rapidamente.

➤ Assegurar a disponibilidade e o acesso à terapia combinada à base de artemisinina (ACT) e aos testes de diagnóstico rápido (RDT) nas unidades de saúde e nos postos de saúde a nível comunitário.

➤ Fornecer formação aos trabalhadores do sector da saúde sobre a gestão e a vigilância dos casos de malária.

Planeamento urbano integrado e gestão ambiental:

➤ Integrar as medidas de controlo da malária no planeamento urbano e nos projectos de desenvolvimento para abordar os factores de risco ambientais e promover condições de vida saudáveis.

➤ Melhorar as infra-estruturas de saneamento, os sistemas de gestão de resíduos e a drenagem para reduzir os locais de reprodução de mosquitos e minimizar as condições ambientais conducentes à transmissão da malária.

Envolvimento de múltiplas partes interessadas:

➤ Fomentar a colaboração entre agências governamentais, organizações não governamentais (ONG), organizações comunitárias, universidades e parceiros do sector privado para implementar programas integrados de controlo da malária.

➤ Envolver as comunidades locais e as partes interessadas nos processos de tomada de decisão e capacitá-las para se apropriarem dos esforços de controlo da malária através de abordagens participativas e da mobilização da comunidade.

Colaboração intersectorial:

➤ Coordenar os esforços de controlo da malária com outros programas e sectores da saúde pública, como a água e o saneamento, a habitação, a educação e o planeamento urbano, para abordar os factores determinantes subjacentes à transmissão da malária.

➢ Aproveitar as parcerias multissectoriais para mobilizar recursos, partilhar conhecimentos e implementar abordagens inovadoras para o controlo da malária em ambientes urbanos.

➢ Ao adotar estas estratégias abrangentes e adaptá-las ao contexto específico das zonas urbanas, é possível reduzir o fardo da malária e melhorar a saúde e o bem-estar das populações urbanas. O acompanhamento, a avaliação e a adaptação contínuos das intervenções são essenciais para manter os esforços de controlo da malária e atingir os objectivos de eliminação da malária em ambientes urbanos.

CAPÍTULO- 11

NOVAS ABORDAGENS PARA O CONTROLO DOS ANOPHELES

As novas abordagens ao controlo do mosquito *Anopheles* aproveitam os avanços da ciência, tecnologia e inovação para complementar os métodos tradicionais de controlo de vectores e enfrentar desafios como a resistência aos insecticidas, a sustentabilidade ambiental e a viabilidade operacional. Eis algumas abordagens inovadoras ao controlo do Anopheles:

Modificação genética:

Tecnologia de acionamento de genes: Os sistemas de controlo genético podem espalhar modificações genéticas através das populações de mosquitos, tais como genes que tornam os mosquitos incapazes de transmitir os parasitas da malária ou genes que suprimem as populações de mosquitos. Esta abordagem tem o potencial de reduzir as populações de Anopheles e a transmissão da malária.

Técnica dos Insectos Estéreis (SIT): A SIT consiste em libertar mosquitos machos esterilizados na natureza para acasalarem com fêmeas selvagens, dando origem a ovos que não eclodem. A SIT pode ser melhorada através de técnicas de modificação genética para aumentar a competitividade e o sucesso do acasalamento dos mosquitos libertados.

Controlo biológico:

Larvicidas microbianos: Os larvicidas biológicos que contêm bactérias, fungos ou protozoários que têm como alvo as larvas dos mosquitos oferecem alternativas ecológicas aos larvicidas químicos. Estes agentes microbianos podem ser aplicados nos locais de reprodução para reduzir as populações de mosquitos sem prejudicar os organismos não visados.

Espécies de mosquitos predadores: A introdução ou o aumento das populações de espécies de mosquitos predadores, como certos peixes ou insectos aquáticos, pode ajudar a controlar as larvas de Anopheles nos habitats aquáticos.

Iscas tóxicas atractivas de açúcar (ATSB):

Os ATSB são iscos à base de açúcar com insecticidas tóxicos que atraem os mosquitos que procuram refeições açucaradas. Ao visar os mosquitos adultos fora das habitações humanas, os ATSB podem complementar os métodos de controlo de vectores em recintos fechados e reduzir as populações globais de mosquitos.

Repelentes espaciais:

Os repelentes espaciais libertam compostos voláteis que impedem os mosquitos de entrar em áreas tratadas, como casas ou espaços exteriores. Estes produtos protegem áreas maiores e podem ser utilizados em conjunto com redes mosquiteiras tratadas com inseticida e pulverização residual interior.

Estratégias baseadas na *Wolbachia*:

Infeção *por Wolbachia*: A introdução da bactéria *Wolbachia* nos mosquitos *Anopheles* pode interferir com a sua capacidade de transmitir os parasitas da malária. Os mosquitos infectados *com Wolbachia* podem também apresentar uma competência vetorial reduzida ou efeitos de supressão da população.

Iscas de açúcar atractivas e orientadas (ATSB):

Os ATSB são iscos à base de açúcar que contêm insecticidas que atraem os mosquitos que procuram refeições açucaradas. Ao visar os locais de repouso ao ar livre e as fontes de açúcar, os ATSBs podem matar os mosquitos antes de estes terem a oportunidade de transmitir a malária.

Controlo de vectores com base em medicamentos:

Endectocidas: Os endectocidas são insecticidas sistémicos administrados a seres humanos ou animais que matam os mosquitos quando estes se alimentam dos hospedeiros tratados. Os endectocidas podem reduzir a sobrevivência dos mosquitos e a transmissão da malária em zonas com elevada cobertura de indivíduos tratados.

Deteção Remota e Modelação Preditiva:

> As tecnologias de deteção remota, incluindo imagens de satélite e sistemas de informação geográfica (SIG), podem ser utilizadas para

cartografar os locais de reprodução de Anopheles, monitorizar as condições ambientais e prever o risco de transmissão da malária. Estas informações facilitam intervenções específicas e actividades de vigilância.

> Estas novas abordagens ao controlo de *Anopheles* são promissoras para aumentar a eficácia, a sustentabilidade e a escalabilidade dos esforços de controlo da malária. No entanto, a sua implementação requer uma análise cuidadosa das considerações éticas, regulamentares e de envolvimento da comunidade para garantir a sua segurança e aceitabilidade. Além disso, é provável que as abordagens integradas que combinam vários métodos de controlo sejam mais eficazes na redução da transmissão da malária e na obtenção de resultados sustentáveis de controlo dos vectores.

Métodos inovadores para controlar as populações de *Anopheles* e reduzir a transmissão da malária

Os métodos inovadores de controlo das populações de Anopheles e de redução da transmissão da malária visam ultrapassar desafios como a resistência aos insecticidas, a sustentabilidade ambiental e a viabilidade operacional. Estes métodos aproveitam os avanços da ciência, da tecnologia e das abordagens interdisciplinares para complementar as estratégias tradicionais de controlo dos vectores. Eis alguns métodos inovadores:

Tecnologia de acionamento genético:

> Os sistemas de controlo genético podem espalhar modificações genéticas através das populações de mosquitos, tais como genes que tornam os mosquitos incapazes de transmitir os parasitas da malária ou genes que suprimem as populações de mosquitos. Esta abordagem tem o potencial de reduzir as populações de Anopheles e a transmissão da malária.

Técnica Estéril de Insectos (SIT):

> A SIT envolve a libertação de mosquitos machos esterilizados na natureza para acasalarem com fêmeas selvagens, resultando em ovos que não eclodem. A SIT pode ser melhorada através de técnicas de

modificação genética para aumentar a competitividade e o sucesso do acasalamento dos mosquitos libertados.

Controlo biológico:

> Os larvicidas biológicos que contêm bactérias, fungos ou protozoários que têm como alvo as larvas de mosquitos oferecem alternativas ecológicas aos larvicidas químicos. Estes agentes microbianos podem ser aplicados nos locais de reprodução para reduzir as populações de mosquitos sem prejudicar os organismos não visados.

> A introdução ou o aumento das populações de espécies de mosquitos predadores, como certos peixes ou insectos aquáticos, pode ajudar a controlar as larvas de Anopheles nos habitats aquáticos.

Iscas tóxicas atractivas de açúcar (ATSB):

> Os ATSB são iscos à base de açúcar com insecticidas tóxicos que atraem os mosquitos que procuram refeições açucaradas. Ao visar os mosquitos adultos fora das habitações humanas, os ATSB podem complementar os métodos de controlo de vectores em recintos fechados e reduzir as populações globais de mosquitos.

Repelentes espaciais:

> Os repelentes espaciais libertam compostos voláteis que impedem os mosquitos de entrar em áreas tratadas, como casas ou espaços exteriores. Estes produtos protegem áreas maiores e podem ser utilizados em conjunto com redes mosquiteiras tratadas com inseticida e pulverização residual interior.

Estratégias *baseadas na Wolbachia*:

> A introdução da bactéria *Wolbachia* nos mosquitos *Anopheles* pode interferir com a sua capacidade de transmitir os parasitas da malária. Os mosquitos infectados *com Wolbachia* podem também apresentar uma competência vetorial reduzida ou efeitos de supressão da população.

Iscas de açúcar atractivas e orientadas (ATSB):

> Os ATSB são iscos à base de açúcar que contêm insecticidas que atraem os mosquitos que procuram refeições açucaradas. Ao visar os locais de repouso no exterior e as fontes de açúcar, os ATSB podem matar os mosquitos antes de estes terem a oportunidade de transmitir a malária.

Controlo de vectores com base em medicamentos:

> Os endectocidas são insecticidas sistémicos administrados aos seres humanos ou aos animais que matam os mosquitos quando estes se alimentam dos hospedeiros tratados. Os endectocidas podem reduzir a sobrevivência dos mosquitos e a transmissão da malária em zonas com elevada cobertura de indivíduos tratados.

Deteção Remota e Modelação Preditiva:

> As tecnologias de deteção remota, incluindo imagens de satélite e sistemas de informação geográfica (SIG), podem ser utilizadas para cartografar os locais de reprodução de Anopheles, monitorizar as condições ambientais e prever o risco de transmissão da malária. Estas informações facilitam intervenções específicas e actividades de vigilância.

> Estes métodos inovadores oferecem abordagens promissoras para o controlo de *Anopheles* e a prevenção da malária. No entanto, a sua aplicação exige uma análise cuidadosa das considerações éticas, regulamentares e de envolvimento da comunidade para garantir a sua segurança, aceitabilidade e eficácia em diversos contextos. Além disso, é provável que as abordagens integradas que combinam vários métodos de controlo sejam mais eficazes na redução da transmissão da malária e na obtenção de resultados sustentáveis de controlo dos vectores.

Abordagens biológicas, genéticas e ambientais para o controlo de *Anopheles*.

> O controlo das populações de Anopheles e a redução da transmissão da malária requerem uma abordagem multifacetada que integre

várias estratégias biológicas, genéticas e ambientais. Apresentamos de seguida métodos inovadores dentro de cada categoria:

Abordagens biológicas:

➢ **Utilização de espécies predadoras:** A introdução ou o aumento de populações de predadores naturais de larvas de mosquitos, como certas espécies de peixes (por exemplo, _Gambusia affinis_), pode ajudar a controlar as populações de Anopheles em habitats aquáticos.

➢ **Larvicidas biológicos:** A aplicação de larvicidas biológicos contendo bactérias, fungos ou protozoários que ocorrem naturalmente e que têm como alvo as larvas de mosquitos pode reduzir eficazmente as populações de larvas sem prejudicar os organismos não visados ou causar danos ambientais.

➢ **Paratransgénese:** A paratransgénese envolve a modificação genética de microrganismos simbióticos associados aos mosquitos _Anopheles_ para produzir moléculas antiparasitárias ou interferir com a competência do vetor, reduzindo assim a capacidade dos mosquitos para transmitir os parasitas da malária.

Abordagens genéticas:

➢ **Tecnologia de acionamento de genes:** Os sistemas de controlo genético podem espalhar modificações genéticas através das populações de mosquitos, tais como genes que tornam os mosquitos incapazes de transmitir os parasitas da malária ou genes que suprimem as populações de mosquitos. Esta abordagem tem o potencial de reduzir significativamente a transmissão da malária através da alteração das populações de mosquitos.

➢ **Estratégias baseadas _na Wolbachia_:** A introdução da bactéria _Wolbachia_ nos mosquitos _Anopheles_ pode interferir com a sua capacidade de transmitir os parasitas da malária. Os mosquitos infectados _com Wolbachia_ podem apresentar uma competência de vetor reduzida ou efeitos de supressão da população, oferecendo uma abordagem genética promissora para o controlo da malária.

> **Técnica dos Insectos Estéreis (SIT):** A SIT consiste em libertar mosquitos machos esterilizados na natureza para acasalarem com fêmeas selvagens, resultando em ovos que não eclodem. Esta abordagem pode ser melhorada através de técnicas de modificação genética para aumentar a competitividade e o sucesso do acasalamento dos mosquitos libertados.

Abordagens ambientais:

> **Iscos tóxicos atractivos de açúcar (ATSB):** Os ATSB são iscos à base de açúcar com insecticidas que atraem os mosquitos que procuram refeições açucaradas. Ao visar os mosquitos adultos fora das habitações humanas, os ATSB podem complementar os métodos de controlo de vectores em recintos fechados e reduzir as populações globais de mosquitos.

> **Gestão de fontes de larvas (LSM):** A LSM envolve a identificação e o tratamento ou modificação dos locais de reprodução dos mosquitos, tais como massas de água estagnada, esgotos e contentores, para reduzir as populações de mosquitos. A manipulação ambiental e a modificação do habitat podem reduzir efetivamente os habitats das larvas e interromper os ciclos de reprodução dos mosquitos.

> **Planeamento e conceção urbanos:** A incorporação de caraterísticas de conceção resistentes aos mosquitos nas infra-estruturas urbanas, tais como sistemas de drenagem adequados, gestão de resíduos e espaços verdes, pode minimizar os locais de reprodução dos mosquitos e reduzir o risco de transmissão da malária nas zonas urbanas.

> Ao integrar estes métodos inovadores para controlar as populações de *Anopheles* e reduzir a transmissão da malária, é possível desenvolver abordagens eficazes, sustentáveis e amigas do ambiente para combater a malária e melhorar os resultados em termos de saúde pública. A investigação contínua, os testes no terreno e a colaboração são essenciais para fazer avançar estas estratégias e enfrentar os desafios do controlo da malária em todo o mundo.

CAPÍTULO -12

ENVOLVIMENTO DA COMUNIDADE E PREVENÇÃO DA MALÁRIA

O envolvimento da comunidade desempenha um papel vital nos esforços de prevenção da malária, promovendo a apropriação, participação e capacitação da comunidade. Seguem-se várias formas através das quais o envolvimento da comunidade pode contribuir para a prevenção da malária:

Educação e sensibilização para a saúde: As iniciativas de envolvimento da comunidade podem aumentar a consciencialização sobre a transmissão da malária, os sintomas, as medidas preventivas e as opções de tratamento. Através de workshops comunitários, palestras sobre saúde e campanhas educativas, os membros da comunidade podem aprender a proteger-se a si próprios e às suas famílias da malária e a reconhecer a importância do diagnóstico e tratamento precoces.

Comunicação de Mudança de Comportamento (BCC): Os programas de envolvimento comunitário podem promover a mudança de comportamento, incentivando os indivíduos e as comunidades a adotar comportamentos preventivos, como dormir sob mosquiteiros tratados com inseticida, procurar cuidados médicos atempados para as febres e aderir ao tratamento antimalárico prescrito. As actividades de BCC podem incluir comunicação interpessoal, teatro comunitário e utilização de canais de comunicação de massas.

Distribuição e promoção de instrumentos de prevenção: Envolver as comunidades na distribuição e promoção de instrumentos preventivos, tais como mosquiteiros tratados com inseticida, pulverização residual interna e testes de diagnóstico da malária, pode aumentar a sua aceitação e utilização. Os membros da comunidade podem ser envolvidos no processo de distribuição, na educação sobre a utilização correta e na manutenção dos instrumentos preventivos.

Agentes comunitários de saúde (ACS): A formação e a capacitação dos agentes comunitários de saúde (ACS) para transmitirem mensagens de prevenção da malária, efectuarem testes de malária e fornecerem tratamento nas suas comunidades podem melhorar o acesso aos serviços de saúde, sobretudo em zonas remotas ou mal servidas. Os ACS são fontes fiáveis de informação sobre saúde e podem fazer a ponte entre as unidades de saúde e os membros da comunidade.

Vigilância baseada na comunidade: O envolvimento das comunidades em actividades de vigilância do paludismo pode melhorar a deteção precoce e a resposta a surtos. Os membros da comunidade podem ser formados para reconhecer sintomas de paludismo, notificar casos suspeitos às autoridades sanitárias locais e participar em actividades activas de deteção e monitorização de casos.

Abordagens participativas à conceção de programas: O envolvimento dos membros da comunidade na conceção, implementação e avaliação dos programas de prevenção da malária garante que as intervenções são culturalmente apropriadas, contextualmente relevantes e respondem às necessidades e prioridades da comunidade. As abordagens participativas incentivam a apropriação e a sustentabilidade das intervenções a longo prazo.

Abordagem dos factores determinantes sociais e ambientais: Os esforços de envolvimento da comunidade devem abordar os determinantes sociais e ambientais subjacentes à malária, como a pobreza, as condições de habitação, o acesso a água potável e o saneamento. A colaboração com os líderes da comunidade, organizações locais e outras partes interessadas pode ajudar a identificar e abordar esses determinantes através de iniciativas lideradas pela comunidade.

Defesa e mobilização: O envolvimento comunitário pode capacitar as comunidades para defenderem melhores políticas de prevenção e controlo da malária, maior financiamento para os programas de combate à malária e melhor acesso aos serviços de saúde. Mobilizar os membros da comunidade para participarem em campanhas de sensibilização pode amplificar as suas vozes e influenciar os decisores a nível local, nacional e internacional.

De um modo geral, o envolvimento da comunidade é essencial para uma prevenção eficaz da malária, criando confiança, mobilizando recursos, promovendo a mudança de comportamentos e capacitando as comunidades para tomarem medidas colectivas contra a malária. Ao promover parcerias entre comunidades, governos, organizações não governamentais e outras partes interessadas, o envolvimento da comunidade contribui para esforços sustentáveis de controlo da malária e, em última análise, ajuda a reduzir o fardo da malária em todo o mundo.

Importância do envolvimento da comunidade nos esforços de prevenção da malária

O envolvimento da comunidade é crucial nos esforços de prevenção da malária devido a várias razões importantes:

Conhecimentos locais e compreensão do contexto: As comunidades possuem conhecimentos valiosos sobre a dinâmica local da transmissão da malária, incluindo locais de reprodução, padrões sazonais e comportamentos humanos que contribuem para a transmissão da doença. Os seus conhecimentos são essenciais para a conceção de estratégias de prevenção contextualmente adequadas que respondam às necessidades e prioridades específicas da comunidade.

Mudança de comportamento e adoção de medidas preventivas: Os membros da comunidade têm mais probabilidades de adotar e aderir às medidas de prevenção da malária quando estão ativamente envolvidos no planeamento e implementação das intervenções. Através de actividades de envolvimento da comunidade, os indivíduos tomam consciência da importância das medidas preventivas, como dormir debaixo de mosquiteiros tratados com inseticida, procurar tratamento imediato para a febre e drenar a água estagnada.

Apropriação e sustentabilidade: O envolvimento das comunidades na prevenção do paludismo promove um sentido de propriedade e responsabilidade pelo êxito das intervenções. Quando as comunidades são ativamente envolvidas nos processos de tomada de decisões, têm mais probabilidades de apoiar e manter os esforços de controlo do paludismo a longo prazo. A apropriação comunitária também facilita a integração das actividades de prevenção do paludismo nas estruturas e sistemas comunitários existentes.

Confiança e credibilidade: O envolvimento da comunidade cria confiança e credibilidade entre as autoridades sanitárias, os médicos e os membros da comunidade. Quando os membros da comunidade estão ativamente envolvidos nos esforços de prevenção do paludismo, é mais provável que confiem nas informações fornecidas pelos profissionais de saúde, cumpram os regimes de tratamento e participem nas actividades de vigilância e controlo.

Intervenções direcionadas e eficazes: O envolvimento da comunidade permite a adaptação das intervenções de prevenção do paludismo aos contextos e preferências locais. Ao consultar os membros da comunidade, as autoridades sanitárias podem identificar obstáculos específicos à prevenção e desenvolver estratégias específicas para os ultrapassar. Esta abordagem aumenta a eficácia das intervenções e maximiza o seu impacto na transmissão da malária.

Deteção e resposta rápidas: As comunidades podem servir como fontes de informação de primeira linha para detetar e notificar casos de paludismo. O envolvimento dos membros da comunidade na deteção, vigilância e notificação ativa de casos permite a deteção precoce de surtos e a resposta imediata das autoridades sanitárias. A deteção e a resposta rápidas ajudam a evitar a propagação do paludismo e a atenuar o seu impacto nas comunidades afectadas.

Reforço de capacidades e capacitação: O envolvimento da comunidade nos esforços de prevenção do paludismo oferece oportunidades de reforço de capacidades e capacitação. A formação de profissionais de saúde comunitários, voluntários e líderes comunitários na prevenção e controlo do paludismo aumenta as suas competências, conhecimentos e confiança para tomarem medidas proactivas contra o paludismo. As comunidades capacitadas estão mais bem equipadas para defender melhores serviços de saúde e recursos para combater a malária.

Estratégias para promover a participação da comunidade em programas de controlo de vectores.

Promover a participação da comunidade nos programas de controlo de vectores é essencial para o sucesso e sustentabilidade dos esforços de prevenção da malária. Seguem-se várias estratégias para envolver eficazmente as comunidades nos programas de controlo de vectores

Mobilização e sensibilização da comunidade:

Realizar campanhas de mobilização da comunidade para aumentar a sensibilização para a importância do controlo dos vectores e para o papel da participação da comunidade na prevenção da malária.

Utilizar canais de comunicação culturalmente apropriados, tais como reuniões comunitárias, emissões de rádio, representações teatrais e meios de comunicação locais, para divulgar informações sobre a transmissão do paludismo, medidas de prevenção e benefícios das intervenções de controlo de vectores.

Colaboração das partes interessadas e parcerias:

Colaborar com os líderes comunitários, autoridades locais, líderes religiosos e outras partes interessadas para obter apoio para os programas de controlo de vectores e mobilizar recursos comunitários.

Estabelecer parcerias com organizações de base comunitária, organizações não governamentais (ONG), escolas e estabelecimentos de saúde para potenciar as redes e os recursos existentes para a implementação de intervenções de controlo de vectores.

Formação e reforço das capacidades da comunidade:

Proporcionar formação e oportunidades de reforço das capacidades aos membros da comunidade, incluindo voluntários, agentes comunitários de saúde e professores, sobre métodos de controlo de vectores, técnicas de vigilância e medidas preventivas.

Capacitar os membros da comunidade para assumirem papéis de liderança e responsabilidades no planeamento, implementação e monitorização das actividades de controlo de vectores nas suas comunidades.

Participação nos processos de tomada de decisão:

Envolver os membros da comunidade nos processos de tomada de decisão relacionados com a conceção, implementação e avaliação dos programas de controlo de vectores. Procurar a sua contribuição, feedback e sugestões para garantir que as intervenções são adaptadas às necessidades e preferências da comunidade.

Criar comités consultivos comunitários ou grupos de trabalho para facilitar o diálogo, a colaboração e a participação em iniciativas de controlo de vectores.

Propriedade e responsabilidade:

Promover um sentido de propriedade e responsabilidade entre os membros da comunidade, realçando o seu papel na condução da mudança e na consecução dos objectivos de controlo da malária.

Incentivar as comunidades a apropriarem-se das intervenções de controlo dos vectores, tais como a limpeza dos locais de reprodução, a manutenção de mosquiteiros tratados com inseticida e a participação em campanhas de pulverização residual em recintos fechados.

Comunicação sobre mudança de comportamento (BCC):

Implementar estratégias de comunicação de mudança de comportamento (BCC) para promover comportamentos de saúde positivos e encorajar os membros da comunidade a adotar medidas preventivas, tais como a utilização de mosquiteiros tratados com inseticida, o uso de vestuário de proteção e a procura de tratamento imediato para os sintomas da malária.

Monitorização e avaliação com a participação da comunidade:

Incorporar mecanismos de monitorização e avaliação baseados na comunidade nos programas de controlo de vectores para acompanhar o progresso, medir o impacto e solicitar feedback dos membros da comunidade.

Estabelecer sistemas de vigilância liderados pela comunidade para detetar locais de reprodução de mosquitos, monitorizar as populações de vectores e notificar casos de malária, com o apoio de voluntários da comunidade ou trabalhadores da saúde com formação.

Reconhecimento e incentivos:

Reconhecer e recompensar os membros da comunidade, voluntários e organizações locais pelas suas contribuições para os esforços de controlo de vectores. Ofereça incentivos, como certificados de agradecimento, oportunidades de formação ou incentivos de pequena escala, para motivar a participação e o empenho contínuos.

Ao implementar estas estratégias e ao promover uma participação significativa da comunidade nos programas de controlo de vectores, as autoridades de saúde pública podem aproveitar os esforços colectivos das comunidades para reduzir a transmissão do paludismo, proteger a saúde pública e obter resultados sustentáveis no controlo do paludismo.

94

CAPÍTULO- 13

VIGILÂNCIA E CONTROLO DAS POPULAÇÕES DE ANOPHELES

A vigilância e a monitorização das populações de mosquitos *Anopheles* são componentes essenciais de programas eficazes de controlo da malária. Ao compreender a abundância, distribuição, comportamento e padrões de resistência aos insecticidas dos mosquitos, as autoridades de saúde pública podem conceber intervenções específicas para reduzir a transmissão da malária. Eis as principais estratégias de vigilância e monitorização das populações de *Anopheles*.

Levantamentos entomológicos: Efetuar inquéritos entomológicos regulares para avaliar a abundância de mosquitos Anopheles, a composição das espécies e a distribuição em diferentes áreas geográficas. Estes inquéritos envolvem a recolha de mosquitos adultos utilizando vários métodos de armadilhagem, tais como armadilhas luminosas CDC, capturas de aterragem humana e recolhas em locais de repouso.

Levantamento de larvas: Efetuar levantamentos de larvas para identificar e caraterizar os locais de reprodução de Anopheles, incluindo massas de água naturais e artificiais. As pesquisas de larvas ajudam a determinar a produtividade dos locais de reprodução, os factores ambientais que influenciam o desenvolvimento das larvas e a eficácia das intervenções de gestão das fontes de larvas.

Monitorização da resistência aos insecticidas: Monitorizar a resistência aos insecticidas nos mosquitos Anopheles para avaliar a eficácia das intervenções de controlo dos vectores baseadas em insecticidas. Isto envolve a realização de bioensaios para testar a suscetibilidade dos mosquitos aos insecticidas e ensaios moleculares para detetar marcadores genéticos associados à resistência.

Estudos comportamentais: Investigar os padrões comportamentais dos mosquitos Anopheles, incluindo o comportamento de procura de hospedeiros, as preferências alimentares, os hábitos de repouso e a atividade de picada no exterior. Os estudos comportamentais fornecem informações sobre as interações entre os mosquitos e os seres humanos e permitem a conceção de estratégias de controlo de vectores específicas.

Vigilância da doença: Integrar dados de vigilância de mosquitos com dados de casos de paludismo para monitorizar a dinâmica de transmissão do paludismo e identificar áreas de alto risco para intervenções direcionadas. A deteção atempada e a resposta a surtos de malária dependem da integração de dados de vigilância entomológica e epidemiológica.

Monitorização ambiental: Monitorizar os factores ambientais que influenciam a abundância e a distribuição dos mosquitos, como a temperatura, a humidade, a precipitação e as mudanças na utilização da terra. Os dados ambientais podem ser utilizados para prever variações sazonais nas populações de mosquitos e identificar potenciais pontos críticos de transmissão da malária.

Gestão e análise de dados: Estabelecer sistemas robustos de gestão de dados para recolher, armazenar, analisar e divulgar eficazmente os dados de vigilância. Utilizar sistemas de informação geográfica (GIS) e técnicas de análise espacial para visualizar e mapear populações de *Anopheles*, locais de reprodução e padrões de resistência a insecticidas.

Participação da comunidade: Envolver as comunidades locais nas actividades de vigilância dos mosquitos através de iniciativas de ciência cidadã, programas de monitorização baseados na comunidade e abordagens participativas. A capacitação das comunidades para participarem na vigilância melhora os esforços de recolha de dados, promove a apropriação pela comunidade e reforça a eficácia das intervenções de controlo da malária.

Reforço de capacidades: Proporcionar oportunidades de formação e capacitação para o pessoal de campo, entomologistas e agentes comunitários de saúde envolvidos nas actividades de vigilância de mosquitos. Os programas de formação devem abranger técnicas de amostragem entomológica, métodos de teste de resistência a insecticidas, protocolos de recolha de dados e competências de análise de dados.

Colaboração e trabalho em rede: Promover a colaboração e as parcerias entre agências governamentais, instituições de investigação, organizações não governamentais e partes interessadas da comunidade envolvidas na vigilância dos mosquitos. O trabalho em rede facilita a partilha de informações, a mobilização de recursos e a coordenação dos esforços de vigilância em diferentes sectores e áreas geográficas.

Ao implementar estratégias abrangentes de vigilância e monitorização para as populações de Anopheles, os programas de controlo da malária podem reunir os dados necessários para informar a tomada de decisões com base em dados concretos, orientar eficazmente as intervenções e, em última análise, reduzir o peso da transmissão da malária.

Métodos de monitorização das populações de *Anopheles* e da transmissão da malária

A monitorização das populações de *Anopheles* e da transmissão da malária envolve uma série de métodos e técnicas destinados a recolher dados sobre a abundância, distribuição, comportamento e taxas de infeção por malária dos mosquitos. Seguem-se alguns métodos chave para monitorizar as populações de *Anopheles* e a transmissão da malária:

Vigilância Entomológica:

Armadilha para mosquitos: Utilizar vários métodos de armadilhagem, tais como armadilhas luminosas CDC, armadilhas para grávidas, recolhas em locais de repouso e capturas de aterragem humana para capturar mosquitos Anopheles adultos. Estas armadilhas são estrategicamente colocadas em diferentes contextos ecológicos para avaliar a abundância de mosquitos e a composição das espécies.

Pesquisas de larvas: Realizar levantamentos de larvas para identificar e caraterizar os locais de reprodução de *Anopheles*, incluindo corpos de água naturais (por exemplo, lagoas, pântanos) e recipientes artificiais (por exemplo, pneus, barris). As pesquisas de larvas fornecem informações sobre a produtividade dos locais de reprodução, preferências de habitat e densidade de larvas.

Pesquisas de pupas: As pesquisas de pupas envolvem a recolha de pupas de mosquitos em massas de água para estimar as taxas de emergência de mosquitos adultos e monitorizar as alterações nas populações de mosquitos ao longo do tempo. As recolhas de pupas podem fornecer informações valiosas sobre a produtividade dos mosquitos e a adequação do habitat.

Monitorização da resistência aos insecticidas: Realizar bioensaios e ensaios moleculares para avaliar a suscetibilidade dos mosquitos *Anopheles* aos insecticidas. Os bioensaios determinam as taxas de mortalidade dos mosquitos expostos a superfícies tratadas com insecticidas, enquanto os ensaios moleculares detectam marcadores genéticos associados à resistência aos insecticidas.

Estudos comportamentais: Realizar estudos para investigar os padrões de comportamento dos mosquitos *Anopheles*, incluindo o comportamento de procura de hospedeiros, preferências alimentares, hábitos de repouso e atividade de picada no exterior. Os estudos comportamentais servem de base à conceção de estratégias específicas de controlo de vectores e ajudam a avaliar o impacto das intervenções no comportamento dos mosquitos.

Vigilância Epidemiológica:

Deteção passiva de casos: Monitorizar os casos de paludismo notificados pelos serviços de saúde através de sistemas de informação sanitária de rotina. A deteção passiva de casos baseia-se no diagnóstico e na notificação de casos de paludismo pelos prestadores de cuidados de saúde.

Deteção ativa de casos: Realizar inquéritos de deteção ativa de casos para procurar ativamente casos de paludismo em comunidades, agregados familiares ou grupos populacionais específicos. A deteção ativa de casos implica o rastreio do paludismo em indivíduos utilizando testes de diagnóstico rápido (RDT) ou microscopia, independentemente de apresentarem ou não sintomas.

Inquéritos serológicos: Realizar inquéritos serológicos para detetar anticorpos contra parasitas da malária em amostras de sangue recolhidas de indivíduos. Os inquéritos serológicos podem fornecer informações sobre a exposição passada à malária e ajudar a avaliar a intensidade da transmissão da malária numa população.

Vigilância de sítios sentinela: Estabelecer locais sentinela ou pontos de vigilância onde se realizam actividades regulares de controlo do paludismo, tais como notificação de casos, inquéritos entomológicos e controlo ambiental. A vigilância de locais sentinela fornece dados contínuos sobre a dinâmica da transmissão do paludismo em áreas geográficas específicas.

Monitorização ambiental:

Análise de dados climáticos: Analisar dados climáticos, incluindo temperatura, humidade, precipitação e índices de vegetação, para avaliar os factores ambientais que influenciam a abundância de mosquitos e a transmissão da malária. Os dados climáticos podem ser utilizados para desenvolver modelos de previsão para o mapeamento do risco de malária e sistemas de alerta precoce.

Deteção remota: Utilizar tecnologias de teledeteção, como imagens de satélite e sistemas de informação geográfica (GIS), para cartografar caraterísticas ambientais associadas à transmissão da malária, como a cobertura do solo, a utilização do solo e as massas de água. Os dados de teledeteção facilitam a análise espacial e a cartografia das zonas de risco da malária.

Vigilância de base comunitária:

Agentes Comunitários de Saúde (ACS): Formar e destacar os ACS para realizarem actividades de vigilância da malária nas comunidades, incluindo deteção, notificação e tratamento de casos. Os ACS são prestadores de cuidados de saúde de primeira linha e desempenham um papel fundamental nos esforços comunitários de controlo da malária.

Inquéritos comunitários: Realizar inquéritos aos agregados familiares e discussões em grupos de discussão para recolher informações sobre conhecimentos, atitudes, práticas e percepções da malária nas comunidades. Os inquéritos comunitários fornecem informações valiosas sobre os factores de risco da malária e as necessidades da comunidade, orientando a conceção de intervenções específicas.

Combinando estes métodos e técnicas, os programas de controlo da malária podem reunir dados abrangentes sobre as populações de *Anopheles* e a dinâmica da transmissão da malária, permitindo a tomada de decisões com base em provas, intervenções orientadas e monitorização dos esforços de controlo. As actividades regulares de vigilância e monitorização são essenciais para avaliar a eficácia das intervenções de controlo da malária e orientar as estratégias para a eliminação da malária.

Papel da vigilância na orientação das intervenções de controlo orientadas

A vigilância desempenha um papel fundamental na orientação de intervenções de controlo orientadas para as populações de Anopheles e para a transmissão da malária. Eis como a vigilância informa e orienta estas intervenções:

Identificação de zonas de alto risco: Os dados de vigilância ajudam a identificar áreas geográficas com elevada abundância de mosquitos Anopheles e intensidade de transmissão da malária. Ao cartografar os locais de reprodução dos mosquitos, os casos de malária e a densidade dos vectores, a vigilância identifica as áreas prioritárias onde são mais necessárias intervenções específicas.

Monitorização de tendências e alterações: A vigilância permite monitorizar as tendências temporais e as mudanças nas populações de Anopheles e na dinâmica de transmissão da malária ao longo do tempo. A deteção de aumentos na abundância de mosquitos ou na incidência da malária alerta as autoridades de saúde pública para ameaças emergentes e informa estratégias de intervenção atempadas.

Deteção precoce de surtos: A vigilância facilita a deteção precoce de surtos de paludismo através da monitorização de alterações no número de casos de paludismo, densidade de vectores e padrões de transmissão. A identificação rápida de surtos permite medidas de resposta imediata, tais como a intensificação das actividades de controlo de vectores e o envio de recursos de saúde para as zonas afectadas.

Avaliação do impacto da intervenção: Os dados de vigilância são utilizados para avaliar a eficácia das intervenções de controlo da malária, como os mosquiteiros tratados com inseticida, a pulverização residual interna, a gestão das fontes de larvas e as campanhas de tratamento antimalárico. A monitorização de alterações na abundância de vectores, na resistência aos insecticidas e na incidência da malária ajuda a avaliar o impacto da intervenção e a orientar os ajustamentos programáticos.

Orientação das medidas de controlo dos vectores: Os dados de vigilância orientam a orientação das medidas de controlo de vectores para áreas com maior intensidade de transmissão e abundância de vectores. Ao centrar as intervenções nos focos de transmissão do paludismo, os recursos são atribuídos de forma mais eficiente, resultando num maior impacto na redução do fardo do paludismo.

Monitorização da resistência aos insecticidas: A vigilância fornece informações críticas sobre o aparecimento e a propagação da resistência aos insecticidas nos mosquitos *Anopheles*. A monitorização da suscetibilidade aos insecticidas e dos mecanismos de resistência informa a seleção de insecticidas adequados para intervenções de controlo de vectores e orienta as estratégias de gestão da resistência aos insecticidas.

Tomada de decisões em saúde pública: Os dados de vigilância servem de base para a tomada de decisões baseadas em provas em programas de controlo do paludismo. As autoridades sanitárias utilizam informações de vigilância para atribuir recursos, estabelecer prioridades e desenvolver planos estratégicos para a prevenção e controlo do paludismo a nível local, nacional e regional.

Avaliação do desempenho do programa de controlo: Os dados de vigilância são usados para avaliar o desempenho e o impacto dos programas de controlo do paludismo. A monitorização de indicadores-chave, como a incidência do paludismo, a densidade dos vectores e a cobertura da intervenção, permite avaliar a eficácia do programa e identificar áreas a melhorar.

Em geral, a vigilância desempenha um papel fundamental na orientação de intervenções de controlo orientadas, fornecendo informações atempadas, fiáveis e acionáveis sobre as populações de *Anopheles* e a dinâmica da transmissão da malária. Ao integrar os dados de vigilância nos processos de tomada de decisão, os programas de controlo do paludismo podem otimizar a atribuição de recursos, aumentar a eficácia das intervenções e, em última análise, contribuir para a redução do fardo do paludismo e para a consecução dos objectivos de eliminação.

CAPÍTULO- 14

ESFORÇOS MUNDIAIS DE LUTA CONTRA A MALÁRIA

Os esforços globais de combate à malária envolvem uma abordagem coordenada por parte de governos, organizações internacionais, organizações não governamentais (ONG), instituições de investigação e comunidades de todo o mundo. Estes esforços têm como objetivo reduzir a incidência da malária, aliviar o peso da doença e, em última análise, trabalhar para a eliminação da malária. Eis os principais componentes dos esforços globais de combate à malária:

Planeamento estratégico e desenvolvimento de políticas: Organizações mundiais como a Organização Mundial de Saúde (OMS) e a Parceria Fazer Recuar o Paludismo (RBM) colaboram com os países para desenvolver planos estratégicos e políticas de controlo e eliminação do paludismo. Estes planos definem objectivos, prioridades e intervenções adaptadas ao contexto epidemiológico específico de cada país.

Controlo dos vectores: As intervenções de controlo dos vectores, incluindo a pulverização residual interna (IRS), os mosquiteiros tratados com inseticida (ITN), a gestão das fontes de larvas (LSM) e a gestão ambiental, visam reduzir as populações de mosquitos e interromper a transmissão da malária. Iniciativas mundiais como o Programa Mundial de Luta contra o Paludismo (PML) fornecem orientação técnica e apoio à aplicação de estratégias de controlo dos vectores.

Acesso a diagnóstico e tratamento: Garantir o acesso universal a um diagnóstico rápido e a um tratamento eficaz é fundamental para reduzir a morbilidade e a mortalidade por paludismo. Os esforços mundiais centram-se na melhoria do acesso a instrumentos de diagnóstico, como os testes de diagnóstico rápido (RDT) e a microscopia, bem como no fornecimento de terapia combinada à base de artemisinina (ACT) para o tratamento da malária não complicada.

Medidas preventivas: A implementação de medidas preventivas, como o tratamento preventivo intermitente na gravidez (IPTp), a quimioprevenção sazonal do paludismo (SMC) para crianças em zonas de elevada transmissão e a administração maciça de medicamentos (MDA) em contextos específicos, ajuda a proteger as populações vulneráveis da infeção pelo paludismo.

Investigação e inovação: O investimento em investigação e inovação é essencial para desenvolver novas ferramentas, estratégias e abordagens para combater a malária. As iniciativas globais apoiam a investigação sobre vacinas contra a malária, novos medicamentos antimaláricos, gestão da resistência aos insecticidas, tecnologias de controlo de vectores e métodos de vigilância para fundamentar intervenções baseadas em dados concretos.

Reforço de capacidades e reforço dos sistemas de saúde: O reforço dos sistemas de saúde e a criação de capacidades locais são essenciais para um controlo e eliminação eficazes da malária. Os esforços mundiais centram-se na formação de profissionais de saúde, na melhoria das infra-estruturas, no aumento da capacidade laboratorial e no reforço dos sistemas de vigilância e monitorização para garantir intervenções sustentáveis de controlo da malária.

Promoção da causa e mobilização de recursos: Os esforços de sensibilização aumentam a consciencialização sobre o peso da malária e a importância do investimento sustentado no controlo e eliminação da malária. As organizações mundiais defendem o aumento do financiamento, o compromisso político e a colaboração multissectorial para apoiar os programas contra o paludismo nos países endémicos.

Parcerias e colaboração: A colaboração entre governos, organizações internacionais, ONGs, universidades, o sector privado e as comunidades afectadas é essencial para alcançar os objectivos de controlo e eliminação do paludismo. As parcerias globais, como a Parceria RBM para Acabar com o Paludismo, facilitam a coordenação, a mobilização de recursos e a partilha de conhecimentos entre as partes interessadas.

Controlo e avaliação: O acompanhamento e a avaliação regulares das intervenções de controlo da malária são necessários para acompanhar os progressos, identificar desafios e ajustar as estratégias conforme necessário. As iniciativas globais apoiam o estabelecimento de sistemas de vigilância, recolha de dados e análise para monitorizar as tendências da malária e avaliar o impacto do programa.

Empenho sustentado e vontade política: Para se conseguir o controlo e a eliminação do paludismo é necessário um empenho sustentado e vontade política a nível mundial, regional e nacional. Os líderes mundiais e os decisores políticos têm de dar prioridade ao paludismo na agenda política, atribuir recursos eficazmente e implementar estratégias baseadas em provas para acelerar o progresso em direção a um futuro sem paludismo.

De um modo geral, os esforços globais para combater o paludismo implicam uma abordagem abrangente e multissectorial que se debruça sobre os determinantes sociais, económicos, ambientais e sanitários da transmissão da malária. Trabalhando em conjunto e mobilizando recursos e conhecimentos, a comunidade mundial pode dar passos significativos para acabar de vez com a malária.

Panorama das iniciativas e parcerias internacionais para o controlo da malária

As iniciativas e parcerias internacionais para o controlo da malária envolvem esforços de colaboração entre governos, organizações internacionais, organizações não governamentais (ONG), instituições de investigação e outras partes interessadas para combater a malária à escala mundial. Eis um resumo de algumas das principais iniciativas e parcerias:

Parceria Fazer Recuar a Malária (RBM):

A iniciativa RBM é uma parceria global lançada em 1998 para coordenar e intensificar os esforços de controlo da malária em todo o mundo. Reúne mais de 500 parceiros, incluindo governos, organizações internacionais, ONG e o sector privado, para acelerar os progressos no sentido da eliminação da malária.

A RBM fornece orientação estratégica, apoio técnico e sensibilização aos países e parceiros, centrando-se em intervenções-chave como mosquiteiros tratados com inseticida, pulverização residual interior, testes de diagnóstico e tratamento antimalárico.

A RBM também apoia os programas de controlo da malária conduzidos pelos países através das suas redes regionais e mecanismos de apoio aos países, promovendo a colaboração e a partilha das melhores práticas entre os países endémicos.

O Fundo Mundial de Luta contra a SIDA, a Tuberculose e a Malária:

O Fundo Mundial é um importante mecanismo de financiamento internacional criado em 2002 para mobilizar recursos para a prevenção e o tratamento do VIH/SIDA, da tuberculose e da malária.

Através das suas subvenções e investimentos, o Fundo Mundial apoia programas de controlo da malária em mais de 100 países, financiando a aquisição de mosquiteiros tratados com inseticida, medicamentos antimaláricos, testes de diagnóstico e outros produtos essenciais.

O Fundo Mundial opera através de parcerias com governos, organizações da sociedade civil e outras partes interessadas, centrando-se no reforço dos sistemas de saúde e na promoção de abordagens sustentáveis ao controlo da malária.

Iniciativa Presidencial contra a Malária (PMI):

O PMI é uma iniciativa do governo dos EUA lançada em 2005 para reduzir a mortalidade e a morbilidade relacionadas com a malária em África. Liderada pela Agência dos Estados Unidos para o Desenvolvimento Internacional (USAID), a PMI apoia programas de controlo da malária em 27 países da África Subsariana.

A PMI presta assistência técnica, financiamento e apoio ao desenvolvimento de capacidades aos países parceiros, centrando-se em intervenções-chave como mosquiteiros tratados com inseticida, pulverização residual em interiores, tratamento preventivo intermitente para mulheres grávidas e gestão de casos.

A PMI trabalha em colaboração com os governos dos países de acolhimento, parceiros de implementação e outros doadores para reforçar os esforços de controlo da malária e alcançar um impacto sustentável.

Programa contra a malária da Organização Mundial de Saúde (OMS):

A OMS desempenha um papel central na liderança técnica, orientação e coordenação dos esforços mundiais de controlo e eliminação da malária.

O Programa Mundial da Malária da OMS desenvolve políticas, diretrizes e estratégias baseadas em provas para a prevenção, diagnóstico e tratamento da malária e apoia os países na sua implementação.

A OMS também serve de plataforma para a defesa de causas, a partilha de conhecimentos e a monitorização e avaliação dos progressos realizados na consecução dos objectivos globais da malária, incluindo os Objectivos de Desenvolvimento Sustentável (ODS).

Iniciativa para a vacina contra a malária (MVI):

A MVI é uma parceria global lançada em 1999 para acelerar o desenvolvimento e a introdução de vacinas seguras e eficazes contra a malária.

Liderada pela PATH, a MVI colabora com instituições académicas, criadores de vacinas, governos e doadores para apoiar a investigação de vacinas contra a malária, ensaios clínicos e processos regulamentares.

O projeto emblemático da MVI é a vacina contra a malária RTS,S/AS01, que recebeu um parecer científico positivo da Agência Europeia de Medicamentos (EMA) em 2015 e está a ser testada em vários países africanos através de um programa coordenado pela OMS.

Estas iniciativas e parcerias demonstram os esforços de colaboração da comunidade mundial para combater a malária e atingir o objetivo da sua eliminação. Ao trabalharem em conjunto e ao mobilizarem recursos e conhecimentos, as partes interessadas pretendem reduzir o peso da malária e melhorar os resultados em termos de saúde para milhões de pessoas afectadas por esta doença.

Progressos no sentido dos objectivos mundiais de erradicação da malária

Os esforços globais para combater a malária envolvem uma série de iniciativas e parcerias internacionais destinadas a reduzir a incidência da malária, melhorar o acesso à prevenção e ao tratamento e, em última análise, trabalhar para o objetivo da erradicação da malária. Eis um resumo de algumas das principais iniciativas internacionais e dos progressos realizados para atingir os objectivos globais de erradicação da malária:

Parceria Fazer Recuar a Malária (RBM): Criada em 1998, a RBM é uma parceria global que reúne governos, doadores, organizações não governamentais e outras partes interessadas para coordenar os esforços de controlo da malária. A RBM promove a sensibilização, a mobilização de recursos e a implementação de intervenções baseadas em provas para reduzir o fardo da malária em todo o mundo.

Fundo Mundial de Luta contra a SIDA, Tuberculose e Malária: O Fundo Mundial é um importante mecanismo de financiamento internacional que apoia programas de controlo da malária em países de baixo e médio rendimento. Desde a sua criação em 2002, o Fundo Mundial desembolsou milhares de milhões de dólares para apoiar a aquisição de mosquiteiros tratados com inseticida, medicamentos antimaláricos, diagnósticos e outras intervenções essenciais contra a malária.

Iniciativa Presidencial contra a Malária (PMI): Lançada pelo governo dos Estados Unidos em 2005, a PMI é uma iniciativa bilateral que apoia programas de controlo da malária em 24 países com elevada incidência na África Subsariana e na sub-região do Grande Mekong. A PMI fornece assistência técnica, financiamento e apoio à criação de capacidades para reforçar os esforços nacionais de controlo da malária.

Programa Mundial contra a Malária da Organização Mundial de Saúde (OMS): A OMS lidera os esforços mundiais de combate à malária através do seu Programa Mundial de Luta contra a Malária. A OMS fornece orientação técnica, define normas e padrões e coordena os esforços internacionais para monitorizar as tendências da malária, desenvolver políticas e reforçar os sistemas de saúde para o controlo e eliminação da malária.

O Conselho pelo Fim da Malária (EMC): O EMC é uma coligação de líderes mundiais dos governos, empresas, universidades e sociedade civil empenhados em acelerar os progressos no sentido da erradicação da malária. O EMC defende o aumento do investimento na investigação e inovação sobre a malária, apoia os esforços de eliminação da malária liderados pelos países e mobiliza a vontade política para conseguir a erradicação da malária.

Iniciativa para a Vacina contra a Malária (MVI): A MVI é uma parceria entre a PATH e a OMS que tem como objetivo acelerar o desenvolvimento de vacinas contra a malária seguras e eficazes. A MVI apoia o desenvolvimento de vacinas candidatas contra a malária, efectua ensaios clínicos e defende a introdução de vacinas contra a malária nos programas nacionais de imunização.

Objectivos de Desenvolvimento Sustentável (ODS) das Nações Unidas: O controlo da malária está integrado na agenda mais vasta da saúde mundial através dos ODS das Nações Unidas, em particular o Objetivo 3 (Saúde e bem-estar) e o Objetivo 17 (Parcerias para os objectivos). A realização do ODS 3.3, que visa acabar com as epidemias de SIDA, tuberculose, malária e doenças tropicais negligenciadas, inclui esforços para erradicar a malária.

Os progressos na consecução dos objectivos mundiais de erradicação da malária têm sido significativos, mas desiguais entre regiões. Embora se tenham conseguido reduções substanciais na incidência e na mortalidade por paludismo nas últimas duas décadas, os progressos estagnaram nos últimos anos, sobretudo em países com elevada incidência na África Subsariana. Desafios como a resistência aos insecticidas, a resistência aos medicamentos, a fragilidade dos sistemas de saúde e as lacunas de financiamento continuam a impedir os esforços para eliminar a malária.

No entanto, tem havido êxitos notáveis no controlo da malária, incluindo a expansão da cobertura de mosquiteiros tratados com inseticida, o aumento do acesso a terapias combinadas à base de artemisinina (ACT) e o aumento da pulverização residual em interiores nas zonas endémicas. Inovações como novos instrumentos de diagnóstico, tecnologias de controlo de vectores e vacinas contra a malária oferecem oportunidades promissoras para acelerar os progressos no sentido da erradicação da malária.

No futuro, o compromisso político sustentado, o aumento do investimento no controlo e na investigação do paludismo, o reforço dos sistemas de saúde e a colaboração entre parceiros internacionais serão essenciais para alcançar os objectivos globais de erradicação do paludismo. Os esforços para combater o paludismo devem ser integrados em agendas mais alargadas de saúde e desenvolvimento para garantir um progresso sustentado no sentido de acabar definitivamente com o paludismo.

CAPÍTULO -15

IMPACTOS SOCIOECONÓMICOS DA MALÁRIA

O paludismo exerce impactos socioeconómicos significativos nos indivíduos, nas comunidades e em países inteiros, sobretudo em regiões endémicas com recursos limitados e sistemas de saúde fracos. Algumas das principais consequências socioeconómicas do paludismo incluem

Custos dos cuidados de saúde: O paludismo representa um encargo financeiro considerável para os indivíduos e agregados familiares afectados devido às despesas de saúde associadas ao diagnóstico, tratamento e hospitalização. As despesas diretas com o tratamento do paludismo podem empurrar as famílias ainda mais para a pobreza, pois podem ter de pedir dinheiro emprestado, vender bens ou renunciar a outras necessidades essenciais para cobrir os custos dos cuidados de saúde.

Perda de produtividade: As doenças relacionadas com o paludismo resultam em perdas substanciais de produtividade devido ao absentismo no trabalho ou na escola, redução da produtividade laboral e incapacidade a longo prazo. As pessoas afectadas pelo paludismo podem ser incapazes de trabalhar ou frequentar a escola durante longos períodos, o que leva à perda de rendimentos, à redução do nível de escolaridade e à diminuição das oportunidades económicas.

Impacto na agricultura e meios de subsistência: A malária afecta a produtividade agrícola e os meios de subsistência nas regiões endémicas, uma vez que os agricultores e os trabalhadores agrícolas correm um maior risco de infeção devido às suas actividades ao ar livre. As doenças relacionadas com o paludismo podem reduzir a produção agrícola, perturbar as cadeias de abastecimento e impedir o desenvolvimento económico das comunidades rurais que dependem da agricultura para o seu sustento e geração de rendimentos.

Restrições ao turismo e às viagens: Os países onde a malária é endémica podem sofrer uma redução das receitas do turismo e do investimento estrangeiro devido a preocupações com a transmissão da malária e a perceção dos riscos para a saúde. Os avisos de viagem e as restrições nas zonas afectadas pela malária podem dissuadir os turistas e os investidores, afectando negativamente a indústria do turismo e o crescimento económico global.

Crescimento económico e desenvolvimento: A malária impede o crescimento económico e o desenvolvimento ao desviar recursos escassos dos investimentos na educação, nas infra-estruturas e nos cuidados de saúde. A doença drena os orçamentos governamentais, reduz a produtividade da força de trabalho e dificulta o desenvolvimento do capital humano, impedindo o progresso no sentido de alcançar os objectivos de desenvolvimento sustentável e as metas de redução da pobreza.

Disparidades e desigualdades sociais: O paludismo afecta desproporcionadamente as populações marginalizadas, exacerbando as disparidades e desigualdades sociais. Os grupos vulneráveis, como as mulheres grávidas, as crianças com menos de cinco anos e os indivíduos que vivem na pobreza, suportam um fardo desproporcionado de morbilidade e mortalidade por paludismo, perpetuando ainda mais os ciclos de pobreza e marginalização.

Pressão sobre o sistema de saúde: O paludismo exerce pressão sobre os sistemas de saúde já frágeis nas regiões endémicas, desviando recursos e pessoal de outros serviços de saúde essenciais. Os estabelecimentos de saúde sobrecarregados podem ter dificuldade em prestar cuidados atempados e de qualidade aos doentes com paludismo, o que leva a atrasos no tratamento, a uma gestão inadequada dos casos e a um aumento das taxas de mortalidade.

Custos intersectoriais: A malária impõe custos indirectos a vários sectores para além dos cuidados de saúde, incluindo a educação, a agricultura e o comércio. A doença afecta a frequência escolar e o desempenho académico, perturba a produção agrícola e as actividades comerciais e prejudica a estabilidade e a resiliência socioeconómicas em geral.

A abordagem dos impactos socioeconómicos da malária exige estratégias abrangentes que integrem as intervenções sanitárias com iniciativas de desenvolvimento mais amplas. O investimento nos esforços de controlo e eliminação da malária não só melhora os resultados em termos de saúde, como também contribui para a redução da pobreza, o desenvolvimento económico e a equidade social nas regiões endémicas. O progresso sustentável no sentido da erradicação da malária exige uma ação concertada e a colaboração entre sectores, partes interessadas e parceiros internacionais para atenuar o peso socioeconómico desta doença evitável e tratável.

Fardo socioeconómico da malária para as comunidades afectadas

O fardo socioeconómico do paludismo nas comunidades afectadas é substancial e multifacetado, abrangendo vários aspectos da vida dos indivíduos, do bem-estar da comunidade e do desenvolvimento económico. Eis as principais dimensões do fardo socioeconómico do paludismo:

Custos dos cuidados de saúde: A malária impõe custos diretos significativos aos indivíduos e agregados familiares nas comunidades afectadas. As despesas relacionadas com o diagnóstico, tratamento e hospitalização por paludismo podem esgotar rapidamente as finanças das famílias, empurrando-as ainda mais para a pobreza. As despesas diretas com os cuidados de saúde contra a malária competem frequentemente com outras necessidades essenciais, como a alimentação, a educação e a habitação.

Perda de rendimento e produtividade: As doenças relacionadas com o paludismo resultam em perdas de produtividade consideráveis devido ao absentismo no trabalho ou na escola, à redução da produtividade laboral e à incapacidade a longo prazo. Os adultos afectados pela malária podem não conseguir trabalhar durante longos períodos, o que leva à perda de rendimentos, à redução dos rendimentos do agregado familiar e à diminuição da estabilidade económica. As crianças que faltam à escola devido à malária também sofrem de retrocessos educativos que podem ter implicações a longo prazo no seu potencial de rendimento futuro.

Impacto na agricultura: A malária afecta a produtividade agrícola e os meios de subsistência nas regiões endémicas, uma vez que os agricultores e os trabalhadores agrícolas correm um maior risco de infeção devido às suas actividades ao ar livre. As doenças relacionadas com o paludismo podem levar à redução da produção agrícola, à escassez de mão de obra e à interrupção das actividades agrícolas, afectando a segurança alimentar e o desenvolvimento económico das comunidades rurais que dependem da agricultura para o seu sustento e geração de rendimentos.

Perturbação da educação: O paludismo contribui para a perturbação da educação ao provocar o absentismo e a diminuição do desempenho académico das crianças afectadas. As crianças que sofrem de episódios recorrentes de malária podem perder instrução valiosa na sala de aula, o que leva a défices de aprendizagem, repetição de ano e, em última análise, a um menor rendimento escolar. Isto perpetua o ciclo de pobreza, limitando as oportunidades de mobilidade social ascendente.

Pressão financeira das famílias: O fardo económico do paludismo pode obrigar as famílias a recorrer a mecanismos de sobrevivência como pedir dinheiro emprestado, vender bens ou reduzir as despesas com bens essenciais para cobrir as despesas de saúde. Os elevados custos dos cuidados de saúde associados ao tratamento da malária podem resultar em despesas de saúde catastróficas, empurrando as famílias para um ciclo de endividamento e insegurança financeira.

Disparidades de género: A malária afecta desproporcionadamente as mulheres e as crianças, agravando as disparidades entre os sexos em termos de resultados de saúde e estatuto socioeconómico. As mulheres assumem frequentemente a responsabilidade de cuidar de familiares doentes, o que leva a um aumento das obrigações de cuidados, a restrições de tempo e a limitações na sua capacidade de se envolverem em actividades geradoras de rendimentos ou de procurarem oportunidades de educação.

Impacto no desenvolvimento da comunidade: A malária prejudica os esforços de desenvolvimento comunitário, desviando recursos de investimentos essenciais em infra-estruturas, educação e desenvolvimento económico. As elevadas taxas de prevalência da malária podem dissuadir potenciais investidores, impedir o crescimento económico e perpetuar ciclos de pobreza nas comunidades afectadas, dificultando os progressos no sentido da realização dos objectivos de desenvolvimento sustentável.

Para fazer face ao fardo socioeconómico da malária, são necessárias abordagens integradas e multissectoriais que dêem prioridade aos investimentos no controlo e na prevenção da malária, reforcem os sistemas de saúde, melhorem o acesso aos serviços de saúde e abordem os determinantes sociais subjacentes da saúde. Ao atenuar os impactos socioeconómicos da malária, as comunidades afectadas podem alcançar uma maior resiliência, prosperidade económica e um melhor bem-estar para todos os membros.

Consequências económicas dos esforços de prevenção e controlo da malária

Embora os esforços de prevenção e controlo da malária impliquem custos, também produzem benefícios económicos significativos que ultrapassam o investimento. Eis algumas das consequências económicas dos esforços de prevenção e controlo da malária:

Poupança nos custos dos cuidados de saúde: A prevenção e o controlo eficazes da malária reduzem a necessidade de tratamentos médicos dispendiosos, hospitalizações e cuidados ambulatórios associados à doença da malária. Ao evitar os casos de paludismo, os sistemas de saúde podem poupar nos custos de tratamento, libertando recursos para outras prioridades de cuidados de saúde.

Aumento da produtividade: A prevenção e o controlo do paludismo contribuem para o aumento da produtividade dos indivíduos e das comunidades. Ao reduzir o fardo das doenças relacionadas com a malária, os indivíduos podem trabalhar de forma mais consistente, frequentar a escola regularmente e participar em actividades económicas sem interrupções. Isto leva a níveis de produtividade mais elevados, a uma maior participação da força de trabalho e a uma melhor produção económica.

Melhoria do sucesso escolar: Os esforços de prevenção da malária, tais como o fornecimento de mosquiteiros tratados com inseticida e a garantia de acesso a tratamento rápido e eficaz, contribuem para a melhoria dos resultados escolares. As crianças que estão protegidas da malária têm mais probabilidades de frequentar a escola regularmente, de ter um melhor desempenho académico e de concluir os estudos. Isto resulta numa mão de obra mais qualificada e instruída, o que é essencial para o crescimento económico e o desenvolvimento.

Impulso ao turismo e ao investimento: Programas eficazes de controlo da malária podem aumentar a atratividade de um país para turistas e investidores, reduzindo a perceção do risco de malária. Uma menor incidência de paludismo torna os países destinos mais apelativos para o turismo, levando a um aumento das receitas das actividades relacionadas com o turismo. Além disso, a redução da prevalência da malária incentiva o investimento estrangeiro e o desenvolvimento económico em regiões onde a malária é endémica.

Redução da pobreza: A malária afecta de forma desproporcionada as populações pobres e vulneráveis, prendendo-as num ciclo de pobreza devido às despesas de saúde, à perda de rendimentos e à redução da produtividade. O investimento na prevenção e no controlo da malária ajuda a quebrar este ciclo, melhorando os resultados em termos de saúde, aumentando o rendimento das famílias e tirando as pessoas da pobreza. Isto, por sua vez, leva a uma maior estabilidade económica e resiliência a nível individual e comunitário.

Poupança de custos para as empresas: As empresas beneficiam dos esforços de prevenção e controlo da malária através da redução do absentismo, da melhoria da saúde dos empregados e da redução dos custos dos cuidados de saúde. Os empregados que estão protegidos contra a malária têm mais probabilidades de se manterem saudáveis e produtivos, o que resulta em menos dias de doença e numa maior motivação da força de trabalho. Isto traduz-se em poupanças de custos para as empresas e numa maior rentabilidade a longo prazo.

Crescimento económico a longo prazo: O investimento na prevenção e no controlo da malária contribui para o crescimento económico a longo prazo, promovendo uma população mais saudável e mais produtiva. A melhoria dos resultados em matéria de saúde conduz a uma maior esperança de vida, a uma redução dos custos dos cuidados de saúde e a um maior desenvolvimento do capital humano, factores essenciais para o crescimento económico e a prosperidade.

De um modo geral, as consequências económicas dos esforços de prevenção e controlo do paludismo são positivas, resultando em poupanças de custos, aumento da produtividade, melhoria do nível de escolaridade e redução da pobreza. Ao investir em programas de controlo do paludismo, os países podem obter rendimentos económicos significativos, melhorando simultaneamente os resultados da saúde pública e promovendo o desenvolvimento sustentável.

CAPÍTULO -16

PERSPECTIVAS CULTURAIS SOBRE A MALÁRIA

As perspectivas culturais sobre a malária variam muito nas diferentes regiões e comunidades, influenciando as crenças, atitudes e práticas relacionadas com a doença. Seguem-se algumas perspectivas culturais comuns sobre a malária:

Causas e crenças percepcionadas: Em muitas culturas, a malária é atribuída a causas sobrenaturais ou espirituais, como maldições, espíritos malignos ou castigos divinos. Estas crenças podem levar as pessoas a procurar curandeiros tradicionais ou rituais religiosos para tratamento em vez de intervenções médicas modernas. Além disso, as ideias erradas sobre a transmissão da malária, como a crença de que é causada pelo ar noturno ou pelo consumo de certos alimentos, podem influenciar os comportamentos preventivos.

Práticas tradicionais de cura: Os curandeiros tradicionais desempenham um papel importante nas respostas de muitas culturas à malária. As práticas de cura indígenas, os remédios à base de plantas e os rituais são muitas vezes utilizados juntamente ou em vez de tratamentos biomédicos. Os curandeiros tradicionais podem utilizar plantas, raízes e ervas locais para tratar os sintomas da malária, reflectindo conhecimentos e práticas culturais transmitidos de geração em geração.

Estigma e discriminação: O estigma em torno da malária pode ter impacto nos indivíduos e nas comunidades afectadas pela doença. As pessoas podem ser vítimas de ostracismo social, discriminação e exclusão devido à perceção da sua associação com a malária. O medo do estigma pode desencorajar os indivíduos de procurar diagnóstico e tratamento, levando a atrasos na procura de cuidados e ao aumento da transmissão da doença.

Práticas e comportamentos culturais: As práticas culturais relacionadas com a construção de habitações, armazenamento de água e actividades agrícolas podem influenciar a reprodução de mosquitos e a transmissão da malária. Por exemplo, as habitações tradicionais com beirais abertos e proteção inadequada podem aumentar a entrada de mosquitos nas casas, enquanto as práticas agrícolas que criam corpos de água estagnados proporcionam locais de reprodução para os mosquitos.

Percepções de risco e vulnerabilidade: As crenças e normas culturais moldam as percepções de risco e vulnerabilidade ao paludismo nas comunidades. Alguns grupos podem considerar-se mais susceptíveis ao paludismo devido a factores como a idade, o sexo, a profissão ou a localização geográfica. As atitudes culturais perante a doença e o comportamento de procura de saúde também influenciam a vontade dos indivíduos de adotar medidas preventivas e aceder a serviços de saúde.

Resiliência da comunidade e estratégias de adaptação: Apesar dos desafios colocados pelo paludismo, muitas comunidades demonstram resiliência e estratégias de adaptação para mitigar o seu impacto. Os conhecimentos indígenas, as redes sociais e a solidariedade comunitária desempenham papéis importantes na resposta a surtos de malária, na partilha de informações e na mobilização de recursos para os esforços de prevenção e controlo.

Adaptação cultural das intervenções: Os programas eficazes de controlo da malária reconhecem a importância do contexto cultural e do envolvimento da comunidade na definição das estratégias de intervenção. As abordagens culturalmente sensíveis que respeitam as crenças, valores e práticas locais têm mais probabilidades de serem aceites e acolhidas pelas comunidades, conduzindo a uma maior eficácia e sustentabilidade do programa.

As perspectivas culturais sobre a malária são essenciais para a conceção de intervenções contextualmente adequadas, promovendo o envolvimento da comunidade e abordando as barreiras à prevenção e ao controlo. Ao incorporar as perspectivas culturais nos programas de luta contra a malária, os esforços de saúde pública podem ser mais inclusivos, eficazes e sustentáveis, conduzindo, em última análise, a melhores resultados em termos de saúde e à redução do fardo da malária nas populações afectadas.

Crenças e práticas culturais que influenciam a prevenção e o tratamento da malária

As crenças e práticas culturais exercem uma influência significativa nos comportamentos de prevenção e tratamento da malária em muitas comunidades.

Compreender estes factores culturais é essencial para conceber intervenções eficazes e promover a participação da comunidade nos esforços de controlo da malária. Seguem-se algumas crenças e práticas culturais comuns que influenciam a prevenção e o tratamento da malária:

Causas percebidas do paludismo: As crenças culturais atribuem muitas vezes a causa do paludismo a factores sobrenaturais ou espirituais, como maldições, espíritos malignos ou castigos divinos. Em algumas culturas, a malária é vista como uma consequência da violação de tabus tradicionais ou de espíritos ancestrais. Estas crenças podem influenciar o comportamento de procura de tratamento e levar os indivíduos a procurar remédios junto de curandeiros tradicionais ou a efetuar rituais para apaziguar os espíritos.

Utilização de medicamentos tradicionais: Os curandeiros tradicionais desempenham um papel importante nas abordagens de muitas comunidades à prevenção e tratamento do paludismo. As práticas de cura indígenas, os remédios à base de plantas e os rituais são muitas vezes preferidos ou utilizados juntamente com os tratamentos biomédicos. Os curandeiros tradicionais podem empregar uma variedade de métodos, incluindo misturas de ervas, rituais espirituais e massagens terapêuticas, com base em conhecimentos e crenças culturais sobre a causa da doença.

Remédios à base de ervas e remédios caseiros: As práticas culturais envolvem frequentemente a utilização de ervas, plantas e remédios disponíveis localmente para prevenir e tratar o paludismo. As pessoas podem consumir chás de ervas, aplicar extractos de plantas na pele ou utilizar plantas aromáticas para repelir os mosquitos. Estes remédios caseiros são frequentemente transmitidos de geração em geração e reflectem crenças culturais sobre a eficácia dos tratamentos naturais.

Comportamentos de proteção e tabus: As normas e práticas culturais influenciam os comportamentos individuais e comunitários relacionados com a prevenção do paludismo. Por exemplo, algumas culturas podem ter tabus ou costumes relacionados com fontes de água, práticas de saneamento e construção de habitações que afectam a reprodução de mosquitos e a transmissão da malária. Práticas culturais como a utilização de redes mosquiteiras, o uso de vestuário de proteção e evitar actividades ao ar livre ao anoitecer e ao amanhecer também são influenciadas por crenças culturais sobre a prevenção da doença.

Percepções de tratamentos biomédicos: As atitudes culturais em relação aos tratamentos biomédicos, tais como os medicamentos antimaláricos e os mosquiteiros tratados com inseticida, variam nas diferentes comunidades. Alguns indivíduos podem ser cépticos em relação aos medicamentos modernos devido a preocupações com os efeitos secundários, perceção de ineficácia ou desconfiança em relação aos prestadores de cuidados de saúde. As percepções culturais da gravidade da doença, da eficácia do tratamento e da confiança nos sistemas de saúde influenciam a adesão às intervenções biomédicas.

Papel do género e das normas sociais: Os papéis de género e as normas sociais moldam os comportamentos de prevenção e tratamento do paludismo nas comunidades. As mulheres podem ser as principais responsáveis pela implementação de medidas preventivas, como a utilização de mosquiteiros e a procura de cuidados de saúde para os membros da família. As normas culturais relativas ao género, à tomada de decisões e ao acesso aos recursos podem afetar a capacidade das mulheres de aceder e utilizar os serviços de prevenção e tratamento da malária.

Apoio comunitário e solidariedade: Os valores culturais de apoio comunitário e solidariedade desempenham um papel crucial nos esforços de prevenção e tratamento do paludismo. As comunidades podem mobilizar recursos, partilhar informações e apoiar-se mutuamente durante os surtos de paludismo. As acções colectivas, tais como campanhas de limpeza da comunidade, distribuição de mosquiteiros e educação sanitária baseada na comunidade, são muitas vezes facilitadas por normas culturais de reciprocidade e ajuda mútua.

Adaptação cultural das intervenções: Reconhecer e respeitar as crenças e práticas culturais é essencial para a implementação bem sucedida das intervenções de controlo da malária. As abordagens culturalmente sensíveis que envolvem as comunidades, envolvem curandeiros tradicionais e incorporam conhecimentos indígenas têm mais probabilidades de serem aceites e acolhidas pelos membros da comunidade. A colaboração com líderes locais, curandeiros tradicionais e organizações de base comunitária garante que as intervenções sejam contextualmente adequadas e sustentáveis.

Ao compreender e abordar as crenças e práticas culturais que influenciam a prevenção e o tratamento da malária, os programas de saúde pública podem aumentar a participação da comunidade, melhorar a eficácia da intervenção e, em última análise, reduzir o peso da malária nas populações afectadas.

Estratégias para integrar considerações culturais nos programas de controlo da malária

A integração de considerações culturais nos programas de controlo da malária é essencial para garantir a aceitabilidade, eficácia e sustentabilidade das intervenções nas comunidades afectadas. Eis algumas estratégias para integrar eficazmente as perspectivas culturais nos programas de controlo da malária:

Envolvimento e participação da comunidade: Envolver as comunidades em todas as fases de planeamento, implementação e avaliação do programa. Realizar investigação formativa para compreender as crenças, práticas e preferências locais relacionadas com a prevenção e tratamento da malária. Envolver os líderes comunitários, curandeiros tradicionais e outras partes interessadas nos processos de tomada de decisão para garantir que as intervenções sejam culturalmente adequadas e respondam às necessidades da comunidade.

Formação em sensibilidade cultural: Fornecer formação sobre competência e sensibilidade cultural ao pessoal do programa, aos prestadores de cuidados de saúde e aos voluntários da comunidade. Dotá-los de conhecimentos e capacidades para compreender e respeitar as diversas crenças, normas e práticas culturais relacionadas com a malária. A formação deve realçar a importância da humildade cultural, da escuta ativa e da resolução colaborativa de problemas no trabalho com as comunidades.

Comunicação e mensagens adaptadas: Desenvolver materiais de comunicação e mensagens culturalmente adaptados que tenham em conta as crenças, valores e costumes locais. Utilizar linguagem, símbolos e metáforas culturalmente apropriados para transmitir eficazmente mensagens chave de prevenção da malária. Considerar a utilização de abordagens baseadas na comunidade, tais como contar histórias, teatro e canais de comunicação tradicionais, para atingir diversos públicos.

Parcerias com curandeiros tradicionais: Colaborar com os curandeiros tradicionais e indígenas como aliados valiosos nos esforços de controlo da malária. Reconhecer e respeitar a sua experiência, conhecimentos e influência nas comunidades. Envolver os curandeiros tradicionais em programas de formação, sistemas de encaminhamento e iniciativas de educação comunitária para promover a colaboração entre os prestadores de cuidados de saúde tradicionais e biomédicos.

Integração de práticas tradicionais e biomédicas: Explorar as oportunidades de integração das abordagens tradicionais e biomédicas na prevenção e tratamento da malária. Promover o diálogo e o respeito mútuo entre os sistemas de saúde tradicionais e biomédicos para aumentar a confiança e a cooperação. Encorajar a comunicação aberta e as referências entre curandeiros tradicionais e prestadores de cuidados de saúde formais para garantir cuidados coordenados para os doentes com malária.

Adaptação das intervenções aos contextos locais: Adaptar as intervenções de controlo da malária aos contextos culturais, sociais e ambientais locais. Considerar factores como a construção de habitações, práticas de armazenamento de água, actividades agrícolas e papéis de género ao conceber intervenções. Adaptar as intervenções para atender às necessidades e prioridades específicas da comunidade, tendo em conta normas culturais, tabus e preferências.

Capacitação dos agentes comunitários de saúde: Formar e capacitar os agentes comunitários de saúde (ACS) como mediadores culturais e defensores da prevenção da malária nas suas comunidades. Os ACS podem fazer a ponte entre os sistemas formais de cuidados de saúde e as comunidades locais, facilitando a promoção da saúde, a educação e a comunicação para a mudança de comportamentos de forma culturalmente adequada. Fornecer aos CHWs apoio, supervisão e recursos contínuos para que possam prestar serviços de controlo da malária de forma eficaz.

Monitorização e avaliação da competência cultural: Incorporar indicadores de competência cultural e capacidade de resposta em quadros de monitorização e avaliação de programas de controlo da malária. Avaliar até que ponto as intervenções são culturalmente apropriadas, acessíveis e aceitáveis para as populações alvo. Utilizar o feedback dos membros da comunidade e das partes interessadas para adaptar e melhorar continuamente as estratégias do programa com base em conhecimentos culturais.

Ao integrar considerações culturais nos programas de controlo da malária, os esforços de saúde pública podem aumentar o envolvimento da comunidade, melhorar os resultados da intervenção e, em última análise, contribuir para a redução do fardo da malária nas populações afectadas. A criação de parcerias, a promoção da sensibilidade cultural e a adaptação das intervenções aos contextos locais são estratégias fundamentais para garantir o êxito e a sustentabilidade das iniciativas de controlo da malária.

CAPÍTULO- 17

ABORDAGEM DE SAÚDE ÚNICA PARA O CONTROLO DA MALÁRIA

As abordagens "Uma Só Saúde" ao controlo da malária reconhecem a interligação entre a saúde humana, animal e ambiental e visam abordar os factores complexos que influenciam a transmissão da malária. Ao integrar conhecimentos de várias disciplinas, incluindo a saúde pública, a medicina veterinária, a ecologia e a ciência ambiental, as estratégias One Health procuram melhorar os esforços de controlo da malária e promover soluções sustentáveis. Eis os principais componentes das abordagens One Health para o controlo da malária:

Colaboração interdisciplinar: As iniciativas One Health promovem a colaboração e as parcerias entre diversas partes interessadas, incluindo agências de saúde pública, profissionais veterinários, cientistas ambientais, decisores políticos e membros da comunidade. Ao reunir conhecimentos de diferentes áreas, estas colaborações promovem uma compreensão holística da dinâmica de transmissão da malária e facilitam o desenvolvimento de estratégias de controlo abrangentes.

Controlo de vectores e paludismo zoonótico: as abordagens de Saúde Única reconhecem o papel dos reservatórios animais na transmissão da malária, sobretudo em contextos de paludismo zoonótico em que os primatas não humanos ou outras espécies animais servem de hospedeiros aos parasitas da malária. A integração de medidas de controlo de vectores que visem tanto os hospedeiros humanos como os animais pode ajudar a reduzir a transmissão da malária na interface homem-animal.

Vigilância e monitorização: Os sistemas de vigilância One Health monitorizam a transmissão da malária em seres humanos, animais e mosquitos, bem como os factores ambientais que influenciam a dinâmica da transmissão. Esta abordagem integrada permite a deteção precoce de ameaças emergentes, como a transmissão zoonótica do paludismo ou a resistência aos insecticidas, e facilita medidas de resposta atempadas.

Gestão do ecossistema: As intervenções do One Health têm em conta o contexto mais alargado do ecossistema em que ocorre a transmissão da malária, incluindo os padrões de utilização da terra, a desflorestação, as alterações climáticas e a perda de biodiversidade. As práticas de gestão sustentável do ecossistema, como a restauração do habitat, a gestão integrada de pragas e os esforços de conservação, podem ajudar a reduzir os locais de reprodução dos mosquitos e a minimizar o contacto humano-vetor.

Colaboração intersectorial: As iniciativas One Health promovem a colaboração entre sectores como a saúde, a agricultura, o ambiente e a conservação da vida selvagem para enfrentar desafios comuns relacionados com o controlo da malária. Ao alinhar políticas e prioridades entre sectores, os governos podem otimizar a atribuição de recursos, melhorar a coordenação e maximizar o impacto das intervenções.

Capacitação e formação: Os programas de formação da iniciativa One Health reforçam as capacidades dos profissionais de saúde, veterinários, cientistas ambientais e trabalhadores comunitários da área da saúde para reconhecer e abordar a interligação da saúde humana, animal e ambiental. As iniciativas de formação centram-se em competências interdisciplinares, colaboração e pensamento sistémico para apoiar abordagens eficazes de Uma Só Saúde para o controlo da malária.

Envolvimento e participação da comunidade: As intervenções One Health envolvem as comunidades locais como parceiros activos nos esforços de controlo da malária. As abordagens baseadas na comunidade promovem a sensibilização, capacitam os membros da comunidade para se apropriarem das medidas de controlo e integram os conhecimentos e práticas tradicionais nas estratégias de intervenção.

Desenvolvimento de políticas e advocacia: A One Health defende quadros políticos que reconheçam a natureza interligada dos sistemas de saúde e promovam abordagens integradas ao controlo da doença. Ao defender políticas de apoio a nível local, nacional e global, as iniciativas One Health criam um ambiente propício a estratégias eficazes de controlo da malária.

Ao adotar abordagens "Uma Só Saúde" para o controlo da malária, os decisores políticos, os investigadores e os profissionais podem abordar as interações complexas entre a saúde humana, a saúde animal e o ambiente, conduzindo a intervenções de controlo da malária mais sustentáveis e resistentes. Estas estratégias integradas oferecem oportunidades promissoras para reduzir a transmissão da malária, melhorar os resultados em termos de saúde e promover o bem-estar geral das comunidades em todo o mundo.

A interligação da saúde humana, animal e ambiental na transmissão da malária

A interconexão da saúde humana, animal e ambiental desempenha um papel significativo na dinâmica de transmissão da malária. A malária é uma doença transmitida por vectores, causada por parasitas Plasmodium transmitidos aos seres humanos através da picada de fêmeas infectadas de mosquitos Anopheles. Eis como estes factores interligados contribuem para a transmissão da malária:

Ecologia e comportamento do vetor: Os mosquitos *Anopheles* servem de vectores para a transmissão de parasitas da malária entre seres humanos e animais. A distribuição, a abundância e o comportamento dos mosquitos *Anopheles* são influenciados por factores ambientais como a temperatura, a humidade, a precipitação e o uso do solo. As alterações das condições ambientais podem afetar os locais de reprodução dos mosquitos, os padrões de alimentação e as taxas de sobrevivência, influenciando assim a dinâmica de transmissão da malária.

Transmissão zoonótica da malária: Em algumas regiões, os parasitas da malária podem infetar animais, incluindo primatas não humanos, aves e répteis, levando à transmissão zoonótica da malária. Os animais actuam como hospedeiros reservatórios dos parasitas da malária, contribuindo para a manutenção e propagação da doença nas populações de animais selvagens. A transmissão zoonótica da malária coloca desafios aos esforços de controlo da malária, uma vez que envolve reservatórios adicionais e fontes potenciais de infeção para além dos seres humanos.

Utilização da terra e desflorestação: As alterações ambientais resultantes das actividades humanas, como a desflorestação, a expansão agrícola e a urbanização, podem ter impacto na transmissão da malária, alterando os habitats de reprodução dos mosquitos e a dinâmica ecológica. A desflorestação, por exemplo, cria novos locais de reprodução para os mosquitos Anopheles, removendo o coberto florestal e aumentando a exposição da luz solar às massas de água superficiais. As mudanças nos padrões de utilização da terra também podem influenciar as taxas de contacto homem-mosquito e o risco de malária nas comunidades afectadas.

Impactos das alterações climáticas: As alterações climáticas têm efeitos profundos na transmissão da malária, alterando os padrões de temperatura e precipitação, modificando a distribuição e o comportamento dos vectores e influenciando o desenvolvimento do parasita nos mosquitos. O aumento das temperaturas e as alterações nos padrões de precipitação podem expandir a área geográfica dos mosquitos *Anopheles*, prolongar a época de transmissão da malária e aumentar a frequência das epidemias de malária em áreas anteriormente não afectadas. As alterações ambientais provocadas pelo clima também têm impacto na migração humana, na deslocação e na vulnerabilidade à infeção pelo paludismo.

Comportamento humano e factores socioeconómicos: O comportamento humano e os factores socioeconómicos, como as condições de habitação, as práticas de gestão da água, as actividades agrícolas e o acesso a serviços de saúde, influenciam a dinâmica da transmissão da malária. A má construção de habitações, com proteção e ventilação inadequadas, aumenta o contacto homem-vetor, enquanto as práticas de armazenamento de água criam locais de reprodução para os mosquitos. As disparidades socioeconómicas, incluindo a pobreza, o acesso limitado aos cuidados de saúde e o nível de escolaridade, contribuem para o risco diferencial de paludismo e a vulnerabilidade das populações.

Abordagem de uma só saúde: Reconhecer a interligação da saúde humana, animal e ambiental é essencial para a adoção de abordagens holísticas ao controlo da malária. As iniciativas One Health integram conhecimentos de várias disciplinas, incluindo a saúde pública, a medicina veterinária, a ecologia e as ciências ambientais, para abordar os factores complexos que influenciam a transmissão da malária. Ao considerar as interações entre os seres humanos, os animais e o ambiente, as abordagens One Health promovem a colaboração interdisciplinar, a partilha de dados e intervenções coordenadas para reduzir o fardo da malária e promover a saúde e o bem-estar das comunidades em todo o mundo.

A interligação da saúde humana, animal e ambiental na transmissão da malária é fundamental para o desenvolvimento de estratégias eficazes e sustentáveis de controlo da malária. Ao abordar as determinantes ecológicas, sociais e económicas subjacentes à transmissão da malária, os esforços de saúde pública podem atenuar o impacto da doença e trabalhar para a sua eliminação.

Estratégia "Uma Só Saúde" para o controlo integrado da malária

As estratégias One Health para o controlo integrado da malária visam abordar as interações complexas entre a saúde humana, animal e ambiental para reduzir a transmissão da malária e melhorar eficazmente o bem-estar geral. Estas estratégias envolvem a colaboração e a coordenação entre diversas partes interessadas, incluindo profissionais de saúde pública, veterinários, cientistas ambientais, decisores políticos e membros da comunidade. Eis os principais componentes das estratégias One Health para o controlo integrado da malária:

Vigilância e controlo: Implementar sistemas de vigilância integrados para monitorizar a transmissão da malária em seres humanos, animais e mosquitos, bem como os factores ambientais que influenciam a dinâmica da transmissão. Isto inclui a deteção ativa de casos, a vigilância entomológica e a monitorização ambiental para seguir as tendências da doença, identificar pontos críticos e detetar ameaças emergentes.

Controlo dos vectores: Integrar medidas de controlo de vectores que visem tanto os hospedeiros humanos como os animais para reduzir a transmissão da malária na interface homem-animal. Isto pode implicar a utilização de mosquiteiros tratados com inseticida, a pulverização residual em interiores, a gestão das fontes de larvas e modificações ambientais para controlar os locais de reprodução dos mosquitos nos habitats humanos e animais.

Investigação sobre malária zoonótica: Realizar investigação para compreender melhor a dinâmica de transmissão da malária zoonótica e identificar hospedeiros reservatórios e potenciais vias de transmissão entre humanos e animais. Isto inclui estudos epidemiológicos, vigilância molecular e investigação ecológica para caraterizar o papel dos animais na transmissão da malária e avaliar o risco de eventos de alastramento.

Gestão de ecossistemas: Implementar abordagens baseadas nos ecossistemas para o controlo da malária que tratem dos factores ambientais que influenciam a transmissão, tais como as mudanças na utilização da terra, a desflorestação e a variabilidade climática. Isto pode envolver a restauração do habitat, a conservação da biodiversidade e práticas sustentáveis de gestão da terra para minimizar os locais de reprodução dos mosquitos e mitigar os factores ambientais da transmissão da malária.

Envolvimento e participação da comunidade: Envolver as comunidades locais como parceiros activos nos esforços de controlo do paludismo, reconhecendo o seu papel de administradores da saúde humana, animal e ambiental. Isto inclui campanhas de educação e sensibilização com base na comunidade, investigação participativa e iniciativas de reforço de capacidades para capacitar as comunidades a apropriarem-se das medidas de prevenção e controlo da malária.

Colaboração intersectorial: Promover a colaboração e a coordenação entre sectores como a saúde, a agricultura, o ambiente e a conservação da vida selvagem para enfrentar os desafios comuns relacionados com o controlo da malária. Isto inclui o diálogo político, o planeamento conjunto e a partilha de recursos para alinhar as prioridades e aproveitar a experiência de todos os sectores para intervenções integradas.

Capacitação e formação: Proporcionar oportunidades de formação e reforço de capacidades a profissionais de saúde, veterinários, cientistas ambientais e trabalhadores da saúde comunitária sobre os princípios e práticas da One Health. Isto inclui programas de formação interdisciplinares, workshops e cursos académicos que promovam a colaboração, o pensamento sistémico e abordagens inovadoras ao controlo da malária.

Desenvolvimento de políticas e sensibilização: Defender quadros políticos que reconheçam a natureza interligada da saúde humana, animal e ambiental e promover abordagens integradas ao controlo da malária. Isto inclui a defesa de políticas de apoio a nível local, nacional e global, bem como o envolvimento de responsáveis políticos, partes interessadas e decisores em esforços de diálogo e defesa.

Ao adotar estratégias "Uma Só Saúde" para o controlo integrado da malária, as partes interessadas podem abordar as interações complexas entre a saúde humana, animal e ambiental para conseguir reduções sustentáveis na transmissão da malária e melhorar os resultados em termos de saúde para as comunidades de todo o mundo. Estas abordagens holísticas oferecem oportunidades prometedoras para reforçar a resiliência, promover a equidade e fazer avançar a segurança sanitária mundial na luta contra a malária.

CAPÍTULO- 18

ESTRATÉGIAS DE ELIMINAÇÃO DA MALÁRIA

As estratégias de eliminação da malária têm por objetivo interromper a transmissão local da doença em áreas geográficas definidas e, em última análise, conseguir a erradicação global da malária. Apesar de difíceis, foram identificadas várias estratégias fundamentais para o êxito dos esforços de eliminação da malária:

Controlo dos vectores: A implementação de medidas eficazes de controlo dos vectores para reduzir a densidade e o tempo de vida dos mosquitos *Anopheles*, os principais vectores da malária, é essencial para a eliminação da malária. Estas medidas incluem a utilização de redes mosquiteiras tratadas com inseticida (ITN), a pulverização residual interior (IRS) de insecticidas, a gestão das fontes de larvas (LSM) e modificações ambientais para eliminar os locais de reprodução dos mosquitos.

Gestão e vigilância de casos: Assegurar um diagnóstico e tratamento rápidos e eficazes dos casos de paludismo é crucial para prevenir a transmissão e reduzir o fardo do paludismo. Os sistemas de vigilância do paludismo devem ser reforçados para detetar e responder prontamente aos casos, incluindo a deteção passiva e ativa de casos, a monitorização de rotina dos indicadores do paludismo e a vigilância molecular para seguir a dinâmica da transmissão e identificar os pontos críticos.

Envolvimento e participação da comunidade: O envolvimento das comunidades como parceiros activos nos esforços de eliminação da malária é essencial para fomentar a apropriação, promover a mudança de comportamentos e mobilizar recursos locais. As abordagens baseadas na comunidade, incluindo a educação sanitária, a sensibilização da comunidade e os processos participativos de tomada de decisões, permitem que os indivíduos e as comunidades tomem medidas proactivas para prevenir a transmissão do paludismo.

Colaboração transfronteiriça: O paludismo não conhece fronteiras e os esforços de eliminação bem sucedidos exigem colaboração e coordenação transfronteiriça entre países vizinhos. O estabelecimento de parcerias, a partilha de informações e a harmonização das estratégias de controlo do paludismo através das fronteiras são essenciais para evitar a reintrodução do paludismo a partir de áreas endémicas vizinhas.

Monitorização e gestão da resistência aos medicamentos: A monitorização e a abordagem da resistência aos medicamentos nos parasitas da malária são fundamentais para garantir a eficácia dos tratamentos antimaláricos. Devem ser criados sistemas de vigilância para monitorizar a eficácia dos medicamentos, detetar resistências emergentes e orientar as políticas de tratamento. É necessária uma ação atempada, incluindo a revisão da política de medicamentos e a aplicação de regimes de tratamento alternativos, para conter e gerir as estirpes de paludismo resistentes aos medicamentos.

Monitorização e gestão da resistência dos vectores: A monitorização da resistência aos insecticidas nos mosquitos *Anopheles* é essencial para orientar as estratégias de controlo dos vectores e prevenir o aparecimento e a propagação da resistência. As abordagens integradas de gestão de vectores, incluindo a rotação de insecticidas, a combinação de múltiplas intervenções de controlo de vectores e o desenvolvimento de novas formulações de insecticidas, podem ajudar a atenuar o impacto da resistência aos insecticidas nos esforços de eliminação da malária.

Tecnologias e ferramentas inovadoras: O recurso a tecnologias e ferramentas inovadoras, como novos diagnósticos, novos insecticidas e métodos de controlo genético, pode melhorar os esforços de eliminação da malária. Os investimentos em investigação e desenvolvimento de novas ferramentas, incluindo vacinas, medicamentos e estratégias de controlo de vectores, são fundamentais para ultrapassar os desafios existentes e acelerar os progressos no sentido da eliminação e eventual erradicação.

Financiamento sustentável e empenhamento político: Garantir um financiamento sustentado e um compromisso político é essencial para manter os esforços de eliminação do paludismo a longo prazo. Investir na erradicação do paludismo produz retornos significativos do investimento em termos de melhores resultados na saúde, produtividade económica e desenvolvimento social. Os governos, doadores e parceiros internacionais devem dar prioridade à eliminação do paludismo nas agendas políticas e atribuir recursos adequados para apoiar eficazmente os programas de eliminação.

Ao implementar uma combinação destas estratégias adaptadas aos contextos locais e aos perfis epidemiológicos, os países podem fazer progressos significativos no sentido da eliminação da malária e, em última análise, atingir o objetivo de um mundo sem malária. A colaboração, a inovação e o empenhamento sustentado são fundamentais para ultrapassar os restantes desafios e concretizar a visão de um futuro sem paludismo.

Desafios e oportunidades para atingir os objectivos de eliminação da malária

A concretização dos objectivos de eliminação da malária apresenta desafios e oportunidades. Embora tenham sido feitos progressos significativos na redução do fardo da malária em muitas regiões, continuam a existir vários obstáculos que dificultam os esforços para eliminar a doença. Eis alguns dos principais desafios e oportunidades para atingir os objectivos de eliminação da malária:

Desafios:

Resistência aos medicamentos: O aparecimento e a propagação de parasitas da malária resistentes aos medicamentos representam um desafio significativo para os esforços de controlo e eliminação da malária. A resistência aos medicamentos antimaláricos de primeira linha, como as terapias combinadas à base de artemisinina (ACT), ameaça a eficácia dos regimes de tratamento e pode levar a falhas no tratamento, ao ressurgimento de casos de malária e ao aumento da mortalidade.

Resistência aos insecticidas: Os mosquitos *Anopheles*, os vectores da malária, desenvolveram resistência aos insecticidas habitualmente utilizados, comprometendo a eficácia das intervenções de controlo dos vectores, como os mosquiteiros tratados com inseticida (MTI) e a pulverização residual interior (PRI). A resistência aos insecticidas limita as opções de controlo das populações de mosquitos e aumenta o risco de transmissão da malária.

Sistemas de saúde fracos: Os sistemas de saúde frágeis dos países onde o paludismo é endémico carecem muitas vezes das infra-estruturas, dos recursos humanos e do financiamento necessários para realizar eficazmente as intervenções essenciais de controlo do paludismo. O acesso limitado a serviços de saúde, instalações de diagnóstico e tratamento inadequadas e sistemas de vigilância fracos impedem a deteção e gestão atempadas dos casos de paludismo.

Transmissão transfronteiriça: A transmissão do paludismo ocorre frequentemente através das fronteiras internacionais, o que torna difícil o controlo e a eliminação da doença em áreas geográficas definidas. Os movimentos populacionais, o comércio e a migração facilitam a propagação de parasitas do paludismo entre países vizinhos, exigindo colaboração e coordenação transfronteiriças para evitar a reintrodução do paludismo a partir de zonas endémicas.

Alterações climáticas e factores ambientais: A variabilidade climática e as alterações ambientais têm impacto na dinâmica da transmissão da malária, influenciando os habitats de reprodução dos mosquitos, a distribuição dos vectores e os padrões de transmissão da doença. O aumento das temperaturas, a alteração dos padrões de pluviosidade e a desflorestação podem expandir a área geográfica de transmissão da malária e prolongar a estação de transmissão da malária, agravando o risco de malária em áreas anteriormente não afectadas.

Oportunidades:

Avanços na ciência e tecnologia: Os avanços na ciência e na tecnologia, incluindo novos diagnósticos, medicamentos, vacinas e ferramentas de controlo de vectores, oferecem oportunidades promissoras para melhorar os esforços de controlo e eliminação da malária. Inovações como a sequenciação de nova geração, técnicas de edição de genes e novas estratégias de controlo de vectores têm o potencial de acelerar os progressos no sentido da eliminação da malária.

Aumento do financiamento e do empenhamento político: O financiamento global para o controlo e eliminação da malária aumentou significativamente nos últimos anos, impulsionado por compromissos políticos, parcerias internacionais e apoio dos doadores. O investimento sustentado em programas de eliminação do paludismo pode fornecer os recursos necessários para aumentar as intervenções eficazes, reforçar os sistemas de saúde e ultrapassar os desafios remanescentes.

Envolvimento e participação da comunidade: O envolvimento das comunidades como parceiros activos nos esforços de controlo do paludismo pode aumentar a eficácia do programa, promover mudanças de comportamento e mobilizar recursos locais. As abordagens baseadas na comunidade, incluindo educação sanitária, sensibilização da comunidade e processos participativos de tomada de decisões, permitem que indivíduos e comunidades se apropriem das medidas de prevenção e controlo do paludismo.

Abordagens integradas e parcerias: A adoção de abordagens integradas que tratem das interações complexas entre a saúde humana, animal e ambiental é essencial para atingir os objectivos de eliminação da malária. A colaboração e as parcerias entre sectores, incluindo a saúde, a agricultura, o ambiente e a educação, podem otimizar os recursos, potenciar os conhecimentos e maximizar o impacto das intervenções de controlo da malária.

Tomada de decisões com base em dados: O reforço dos sistemas de vigilância da malária e a utilização de dados para informar os processos de tomada de decisão são fundamentais para orientar os esforços de controlo e eliminação da malária. Uma vigilância, monitorização e avaliação melhoradas permitem a deteção atempada de surtos, a identificação de pontos críticos e o acompanhamento dos progressos no sentido dos objectivos de eliminação, facilitando intervenções baseadas em provas e a atribuição de recursos.

Ao enfrentar estes desafios e aproveitar as oportunidades, os países podem fazer progressos significativos no sentido da eliminação da malária e, em última análise, alcançar o objetivo de um mundo sem malária. A colaboração, a inovação e o empenhamento sustentado dos governos, dos doadores e dos parceiros internacionais são essenciais para ultrapassar os obstáculos que ainda subsistem e concretizar a visão de um futuro sem paludismo.

Estudos de casos de campanhas de eliminação da malária bem sucedidas

Vários países fizeram progressos significativos na eliminação da malária através de campanhas bem sucedidas e esforços sustentados. Seguem-se alguns estudos de casos notáveis de campanhas de eliminação da malária bem sucedidas:

Sri Lanka: O Sri Lanka alcançou o estatuto de eliminação da malária em 2016, marcando um feito notável na luta contra a malária. O país implementou um programa abrangente de controlo da malária que incluía medidas de controlo de vectores, como a pulverização residual interna (IRS) e os mosquiteiros tratados com inseticida (ITN), juntamente com sistemas eficazes de gestão e vigilância de casos. A campanha de eliminação da malária no Sri Lanka centrou-se em atingir as populações de alto risco, melhorar o acesso aos serviços de diagnóstico e tratamento e reforçar a colaboração intersectorial entre as autoridades sanitárias e outras agências governamentais. O envolvimento e a participação da comunidade desempenharam um papel crucial na sensibilização, na promoção da mudança de comportamentos e na mobilização de recursos para os esforços de controlo da malária.

Maldivas: As Maldivas, uma pequena nação insular no Oceano Índico, eliminaram com êxito a malária em 2015, após décadas de esforços sustentados. O país implementou um programa de controlo da malária direcionado que se centrou em intervenções de controlo de vectores, como a gestão de fontes de larvas (LSM), a IRS e os MTI, bem como em sistemas melhorados de gestão de casos e vigilância. O isolamento geográfico e a pequena dimensão da população do país facilitaram os esforços de eliminação da malária, ao passo que o forte empenhamento político, o financiamento adequado e a coordenação eficaz entre as agências governamentais e os parceiros internacionais foram os principais factores de sucesso.

Paraguai: O Paraguai tornou-se o primeiro país das Américas a ser certificado como livre de malária pela Organização Mundial de Saúde (OMS) em 2018. A campanha de eliminação da malária do Paraguai centrou-se no reforço da vigilância, gestão de casos e intervenções de controlo de vectores, como a pulverização e os mosquiteiros tratados com inseticida. O sucesso dos esforços de eliminação do país foi atribuído a um forte compromisso político, ao investimento sustentado em programas de controlo da malária e à colaboração entre o sector da saúde pública, as comunidades locais e as organizações internacionais. A experiência do Paraguai demonstra a importância da colaboração multissectorial, abordagens inovadoras e vontade política sustentada para atingir os objectivos de eliminação da malária.

China: A China fez progressos significativos na eliminação da malária ao longo das últimas décadas e foi certificada como livre de malária pela OMS em 2021. O programa de controlo da malária da China implementou uma combinação de medidas de controlo de vectores, como a pulverização intradérmica, os mosquiteiros tratados com inseticida e o controlo de larvas, juntamente com sistemas eficazes de gestão e vigilância de casos. O êxito do país na eliminação da malária foi atribuído a uma infraestrutura de saúde pública robusta, a mecanismos de vigilância e resposta alargados e a intervenções direcionadas para zonas de alto risco. A experiência da China sublinha a importância do empenhamento político, de sistemas de saúde sólidos e de um investimento sustentado nos esforços de controlo do paludismo.

Estes estudos de casos sublinham a importância de estratégias abrangentes de controlo da malária, incluindo o controlo de vectores, a gestão de casos, a vigilância e o envolvimento da comunidade, para atingir os objectivos de eliminação da malária. Histórias de sucesso de países como o Sri Lanka, Maldivas, Paraguai e China demonstram que, com empenho político, recursos adequados e colaboração multissectorial, a eliminação da malária é possível, mesmo em contextos geográficos e epidemiológicos diversos.

CAPÍTULO -19

DIRECÇÕES FUTURAS DA INVESTIGAÇÃO SOBRE ANOPHELES

As futuras direcções da investigação sobre *o Anopheles* são cruciais para fazer avançar a nossa compreensão da biologia do mosquito, da competência do vetor, da dinâmica de transmissão da doença e do desenvolvimento de estratégias inovadoras para o controlo da malária. Seguem-se várias áreas-chave de investigação que irão provavelmente moldar o futuro da investigação sobre *Anopheles*.

Genómica e Engenharia Genética: A genómica e a engenharia genética revolucionaram a nossa compreensão dos mosquitos *Anopheles* e do seu papel na transmissão da malária. Estes campos oferecem ferramentas e conhecimentos poderosos para o desenvolvimento de estratégias inovadoras de combate à malária. Eis como a genómica e a engenharia genética contribuem para os esforços de controlo da malária:

Investigação genómica: Os estudos genómicos fornecem informações valiosas sobre a diversidade genética, a estrutura populacional e a história evolutiva dos mosquitos *Anopheles*. Ao sequenciar os genomas de diferentes espécies e populações de *Anopheles*, os investigadores podem identificar variações genéticas associadas à competência do vetor, à resistência aos insecticidas e a outras caraterísticas relevantes para a transmissão da malária. Os dados genómicos também permitem a identificação de potenciais alvos para intervenções de controlo de vectores, tais como genes envolvidos na imunidade dos mosquitos, na reprodução e nos comportamentos de procura de hospedeiros.

Determinantes genéticos da competência do vetor: A base genética da competência do vetor - a capacidade dos mosquitos para transmitir os parasitas da malária - é crucial para o desenvolvimento de intervenções que visem aspectos específicos da biologia do mosquito. Os estudos genómicos ajudam a identificar os genes e as vias moleculares envolvidos nas interações mosquito-parasita, na imunidade do vetor e no desenvolvimento do parasita no mosquito. Este conhecimento pode informar o desenvolvimento de novas estratégias de controlo de vectores, incluindo abordagens de modificação genética destinadas a reduzir a suscetibilidade do mosquito aos parasitas da malária.

Mecanismos de resistência aos insecticidas: A investigação genómica permitiu esclarecer os mecanismos moleculares subjacentes à resistência aos insecticidas nos mosquitos Anopheles. Ao identificar genes e mutações associados à resistência, os investigadores podem desenvolver diagnósticos moleculares para monitorizar os níveis de resistência em populações de campo e prever a propagação da resistência. Esta informação permite conceber estratégias de gestão da resistência aos insecticidas, como a rotação de insecticidas, a combinação e métodos de controlo alternativos.

Engenharia genética para o controlo de vectores: As técnicas de engenharia genética, como a CRISPR/Cas9, oferecem oportunidades sem precedentes para manipular a composição genética dos mosquitos *Anopheles* de modo a reduzir a sua capacidade de vectorização. Os investigadores podem utilizar a engenharia genética para introduzir sistemas de condução genética que espalhem genes benéficos - como os que conferem refractariedade aos parasitas da malária ou maior suscetibilidade aos insecticidas - através das populações de mosquitos. As abordagens de condução genética têm o potencial de suprimir ou modificar as populações de mosquitos, interromper os ciclos de transmissão da malária e complementar as intervenções existentes de controlo de vectores.

Considerações éticas e regulamentares: Como acontece com qualquer tecnologia emergente, a engenharia genética para o controlo da malária levanta preocupações éticas, sociais e regulamentares que devem ser cuidadosamente abordadas. O envolvimento das partes interessadas, a avaliação dos riscos e as diretrizes éticas são essenciais para garantir uma investigação e desenvolvimento responsáveis dos mosquitos geneticamente modificados. A comunicação transparente, a participação da comunidade e a supervisão regulamentar são fundamentais para criar a confiança do público e abordar as preocupações relacionadas com a segurança, a equidade e o impacto ambiental.

Interações Vetor-Parasita: As interações vetor-parasita são fundamentais para a transmissão da malária, uma vez que os mosquitos *Anopheles* servem de vectores para os parasitas *Plasmodium*. A compreensão destas interações é crucial para o desenvolvimento de estratégias eficazes para interromper a transmissão da malária e controlar a doença. Eis um resumo dos principais aspectos das interações vetor-parasita na malária:

Comportamento de alimentação do mosquito: Os mosquitos *Anopheles* adquirem parasitas *Plasmodium* quando ingerem sangue infetado de um hospedeiro humano durante uma refeição de sangue. Os parasitas desenvolvem-se no intestino médio do mosquito, acabando por migrar para as glândulas salivares, onde podem ser transmitidos a um novo hospedeiro durante a alimentação sanguínea subsequente. O comportamento alimentar do mosquito, incluindo a preferência pelo hospedeiro, a frequência de alimentação e o sucesso da alimentação, influencia a probabilidade de transmissão do parasita e a intensidade da transmissão da malária em áreas endémicas.

Desenvolvimento do Parasita no Mosquito: Após a ingestão de sangue infetado, os parasitas *Plasmodium* passam por uma série de fases de desenvolvimento dentro do mosquito vetor. Estas incluem a ativação dos gametócitos, a fertilização, a formação de ookinetes, a travessia do epitélio do intestino médio, a conversão em oocistos e a formação de esporozoítos dentro dos oocistos. O sucesso do desenvolvimento do parasita no mosquito é influenciado por vários factores, incluindo as respostas imunitárias do mosquito, as condições ambientais e a compatibilidade genética entre o mosquito vetor e a estirpe do parasita.

Respostas imunitárias do vetor: Os mosquitos *Anopheles* montam respostas imunitárias inatas contra os parasitas *Plasmodium* para limitar o desenvolvimento e a transmissão do parasita. Estas respostas imunitárias incluem a melanização, a fagocitose, a produção de péptidos antimicrobianos e a ativação de vias de sinalização imunitária. No entanto, os parasitas desenvolveram mecanismos para contornar as defesas imunitárias dos mosquitos, permitindo-lhes estabelecer a infeção e completar o seu ciclo de vida dentro do mosquito vetor.

Factores do Parasita: Os parasitas *Plasmodium* produzem uma série de factores que facilitam o seu desenvolvimento no mosquito vetor e aumentam as suas hipóteses de transmissão a um novo hospedeiro. Estes factores incluem moléculas envolvidas na travessia do epitélio do intestino médio pelo ookinete, na evasão das respostas imunitárias do mosquito e no estabelecimento da infeção nas glândulas salivares. Compreender as interações moleculares entre os parasitas e os mosquitos vectores é essencial para identificar potenciais alvos para intervenções de controlo da malária.

Competência do vetor: A competência do vetor refere-se à capacidade de uma espécie de mosquito para se infetar, apoiar o desenvolvimento e transmitir parasitas *Plasmodium*. A variação da competência do vetor entre as diferentes espécies e populações de *Anopheles* influencia a dinâmica da transmissão da malária e a distribuição dos parasitas da malária nas zonas endémicas. Os factores que influenciam a competência do vetor incluem a genética do mosquito, as respostas imunitárias, a microbiota e as condições ambientais.

Co-infecções e co-infecciosidade: Os mosquitos *Anopheles* podem ser expostos simultaneamente a várias estirpes ou espécies de parasitas, o que leva a co-infecções no mosquito vetor. As co-infecções podem influenciar o desenvolvimento do parasita, a competência do vetor e a dinâmica da transmissão da malária. Compreender os factores que determinam o resultado das co-infecções e as interações entre diferentes estirpes ou espécies de parasitas no mosquito é importante para prever os padrões de transmissão da malária e conceber estratégias de controlo eficazes.

De um modo geral, as interações vetor-parasita desempenham um papel fundamental na dinâmica de transmissão da malária. Ao elucidar os mecanismos subjacentes a estas interações, os investigadores podem identificar vulnerabilidades no ciclo de transmissão que podem ser alvo de intervenções de controlo da malária, tais como medidas de controlo dos vectores, medicamentos, vacinas e novas estratégias de bloqueio da transmissão.

Resistência aos insecticidas: A resistência aos insecticidas é um desafio significativo na luta contra a malária, uma vez que compromete a eficácia das intervenções de controlo de vectores baseadas em insecticidas. Eis uma panorâmica da resistência aos insecticidas, dos seus mecanismos e das estratégias para a gerir e atenuar:

Definição: A resistência aos insecticidas refere-se à capacidade dos mosquitos de sobreviverem à exposição a doses de insecticidas que normalmente os matariam. Este fenómeno surge devido a alterações genéticas nas populações de mosquitos, levando a uma menor suscetibilidade aos efeitos dos insecticidas.

Mecanismos de resistência:

Resistência do sítio alvo: As mutações nos locais-alvo dos insecticidas, como os canais de sódio dependentes da voltagem (o alvo dos piretróides) ou a acetilcolinesterase (o alvo dos organofosforados e carbamatos), podem tornar os insecticidas menos eficazes. Estas mutações reduzem a afinidade de ligação dos insecticidas aos seus locais-alvo, reduzindo assim os seus efeitos tóxicos nos mosquitos.

Resistência metabólica: Os mosquitos podem desenvolver resistência metabólica através do aumento da atividade de enzimas de desintoxicação, como o citocromo P450, esterases e glutationa S-transferases. Estas enzimas metabolizam e desintoxicam os insecticidas, reduzindo a sua concentração e eficácia no corpo do mosquito.

Resistência comportamental: Os mosquitos podem apresentar adaptações comportamentais para evitar a exposição a insecticidas, tais como alterar os seus comportamentos de alimentação e repouso ou evitar completamente as superfícies tratadas. A resistência comportamental reduz o contacto entre os mosquitos e os insecticidas, limitando a sua eficácia no controlo das populações de mosquitos.

Factores que contribuem para a resistência:

Dependência excessiva de insecticidas: A utilização prolongada e indiscriminada de insecticidas em programas de controlo de vectores pode exercer uma pressão selectiva sobre as populações de mosquitos, favorecendo a sobrevivência e a proliferação de indivíduos resistentes.

Utilização de mosquiteiros tratados com inseticida (MTI) e pulverização residual interior (PRI): Embora os MTI e a PRI sejam instrumentos eficazes de prevenção da malária, a sua utilização generalizada pode contribuir para a seleção de mosquitos resistentes aos insecticidas se não forem geridos corretamente.

Monitorização e vigilância inadequadas: Sistemas de vigilância fracos e monitorização inadequada dos níveis de resistência nas populações de mosquitos podem atrasar a deteção do aparecimento e propagação da resistência, impedindo medidas de intervenção atempadas.

Alternativas limitadas: A disponibilidade limitada de insecticidas alternativos com diferentes modos de ação contribui para o desenvolvimento e a propagação da resistência, uma vez que os mosquitos são repetidamente expostos à mesma classe de insecticidas.

Estratégias para gerir e mitigar a resistência:

Monitorização da resistência aos insecticidas: O estabelecimento de sistemas de vigilância robustos para monitorizar os níveis de resistência nas populações de mosquitos ajuda a detetar precocemente a resistência e a orientar a seleção de insecticidas para intervenções de controlo de vectores.

Rotação e combinação de insecticidas: A implementação de estratégias de rotação e combinação de insecticidas pode atrasar o aparecimento de resistência, alternando entre diferentes classes de insecticidas ou combinando vários insecticidas com diferentes modos de ação.

Utilização de novos insecticidas: O desenvolvimento e a aplicação de novos insecticidas com modos de ação alternativos podem fornecer novos instrumentos para gerir a resistência e ultrapassar a resistência cruzada aos insecticidas existentes.

Gestão integrada de vectores (IVM): A integração de múltiplas intervenções de controlo de vectores, como a gestão da fonte larvar, a gestão ambiental e o controlo biológico, juntamente com os insecticidas químicos, pode reduzir a dependência dos insecticidas e atenuar a pressão de seleção da resistência.

Inovações no controlo dos vectores: Investir na investigação e no desenvolvimento de instrumentos inovadores de controlo dos vectores, tais como repelentes espaciais, iscos de açúcar tóxicos e atraentes e mosquitos geneticamente modificados, oferece estratégias promissoras para combater a resistência e reforçar os esforços de controlo da malária.

Ecologia e comportamento: A investigação da ecologia, do comportamento e da dinâmica populacional dos mosquitos *Anopheles* em diferentes contextos ambientais melhorará a nossa compreensão da dinâmica de transmissão da malária e informará as intervenções de controlo orientadas. O estudo dos factores que influenciam os habitats de reprodução dos mosquitos, o comportamento de procura de hospedeiros e a capacidade de vectorização identificará oportunidades para a gestão integrada de vectores e estratégias personalizadas de controlo da malária adaptadas aos contextos locais.

Preferências de habitat: Os mosquitos *Anopheles* exibem diversas preferências de habitat, com espécies diferentes a prosperar em vários nichos ecológicos. A compreensão dos factores ambientais que influenciam os locais de reprodução dos mosquitos, como a temperatura, a humidade, a precipitação e a cobertura vegetal, ajuda a identificar áreas de alto risco para a transmissão da malária. Os estudos ecológicos contribuem para os esforços de controlo dos vectores, visando os habitats das larvas e os locais de repouso dos adultos para reduzir as populações de mosquitos.

Comportamento de alimentação: Os mosquitos *Anopheles* apresentam diferentes comportamentos alimentares, incluindo a picada no interior e no exterior, a preferência pelo hospedeiro e a periodicidade da alimentação. Algumas espécies preferem alimentar-se de seres humanos dentro de casa durante a noite, enquanto outras se alimentam de animais ou seres humanos ao ar livre durante a noite ou de manhã cedo. Os estudos comportamentais ajudam a caraterizar os padrões de alimentação dos mosquitos, os comportamentos de procura de hospedeiros e as preferências por fontes de alimentação sanguínea. Estes conhecimentos permitem conceber intervenções de controlo de vectores, como os mosquiteiros tratados com inseticida e a pulverização residual de interiores, que visam os mosquitos quando estes têm maior probabilidade de picar os seres humanos.

Variação sazonal: A transmissão da malária apresenta variações sazonais em resposta a alterações das condições ambientais, como a temperatura, a precipitação e a humidade. A abundância, longevidade e intensidade de transmissão do mosquito Anopheles flutuam sazonalmente, com o pico de transmissão a ocorrer durante a estação das chuvas em muitas regiões endémicas. A compreensão dos padrões sazonais da atividade dos mosquitos e da transmissão da malária permite determinar o momento e a aplicação das intervenções de controlo dos vectores, das actividades de vigilância e das intervenções de saúde pública.

Diversidade e distribuição das espécies: Os mosquitos *Anopheles* constituem um grupo diversificado de espécies com diferentes distribuições geográficas e capacidades de vectorização. Diferentes espécies de mosquitos apresentam preferências ecológicas, comportamentos e papéis vectoriais distintos na transmissão da malária. Os estudos ecológicos ajudam a identificar as principais espécies de vectores, a avaliar a sua abundância, distribuição e competência vetorial, e a caraterizar o seu papel nos ciclos de transmissão da malária. Estas informações orientam os esforços de controlo dos vectores adaptados a espécies específicas de mosquitos e a contextos epidemiológicos locais.

Contacto humano com mosquitos: Os comportamentos e actividades humanos influenciam a frequência e a intensidade do contacto entre os seres humanos e os mosquitos *Anopheles*, moldando assim a dinâmica da transmissão da malária. Factores como a construção de habitações, hábitos de sono, actividades ao ar livre e estatuto socioeconómico afectam as taxas de contacto humano-mosquito e o risco de malária. Os estudos comportamentais examinam as interações homem-vetor, os factores de risco para a exposição à malária e as medidas de proteção utilizadas por indivíduos e comunidades para evitar as picadas de mosquito. Esta informação informa as estratégias de comunicação para a mudança de comportamentos, as iniciativas de envolvimento da comunidade e a promoção de medidas preventivas, como a utilização de mosquiteiros tratados com inseticida e repelentes.

A ecologia e o comportamento dos mosquitos *Anopheles*, os investigadores e os profissionais de saúde pública podem desenvolver intervenções direcionadas e específicas ao contexto para reduzir a transmissão da malária. A integração de conhecimentos ecológicos e comportamentais com dados epidemiológicos e esforços de envolvimento da comunidade aumenta a eficácia das estratégias de controlo da malária e contribui para o objetivo da eliminação da malária.

Alterações climáticas e factores ambientais:

As alterações climáticas e os factores ambientais desempenham um papel importante na influência da distribuição, abundância e dinâmica dos mosquitos *Anopheles*, bem como nos padrões de transmissão da malária. Eis como as alterações climáticas e os factores ambientais afectam a malária.

Temperatura: Os mosquitos *Anopheles* são susceptíveis à temperatura, uma vez que esta afecta o seu desenvolvimento, sobrevivência e comportamento de picada. As temperaturas mais quentes aceleram o ciclo de vida do mosquito, levando a um aumento das taxas de reprodução e a períodos de incubação mais curtos para os parasitas da malária nos mosquitos. O aumento das temperaturas pode expandir a área geográfica dos mosquitos Anopheles para altitudes mais elevadas e regiões anteriormente mais frias, aumentando o risco de transmissão da malária em áreas onde anteriormente era pouco comum.

Precipitação e humidade: Os padrões de precipitação e os níveis de humidade influenciam a disponibilidade de locais de reprodução dos mosquitos e a persistência de água parada, que são essenciais para o desenvolvimento das larvas dos mosquitos. A precipitação intensa pode criar habitats temporários de reprodução, como poças, charcos e campos de arroz, levando ao aumento das populações de mosquitos e à transmissão da malária. Por outro lado, as condições de seca podem reduzir a disponibilidade de locais de reprodução e limitar as populações de mosquitos, diminuindo temporariamente o risco de paludismo.

Eventos climáticos extremos: Os fenómenos meteorológicos extremos, como furacões, inundações e ciclones, podem perturbar os ecossistemas locais, alterar os habitats dos mosquitos e facilitar a propagação da malária. As inundações podem criar novos locais de reprodução para os mosquitos e deslocar as populações humanas, aumentando a sua exposição à transmissão da malária. Os fenómenos meteorológicos extremos também perturbam os sistemas de saúde, dificultam o acesso aos serviços de saúde e exacerbam as vulnerabilidades socioeconómicas, afectando ainda mais os esforços de controlo da malária.

Alterações na utilização da terra: As mudanças induzidas pelo homem na utilização e cobertura do solo, como a desflorestação, a urbanização e a expansão agrícola, alteram os habitats dos mosquitos e os padrões de biodiversidade, influenciando a dinâmica da transmissão da malária. A desflorestação remove os locais naturais de reprodução dos mosquitos e perturba o equilíbrio ecológico, levando a um aumento do contacto humano-mosquito e do risco de transmissão da malária. A urbanização cria habitats artificiais de reprodução, como a água estagnada nas infra-estruturas urbanas, e concentra as populações humanas, facilitando a transmissão da doença.

Ressurgimento de doenças transmitidas por vectores: As alterações climáticas podem contribuir para o ressurgimento de doenças transmitidas por vectores, incluindo a malária, criando condições favoráveis para os mosquitos vectores e alterando o desenvolvimento de parasitas nos mosquitos. As mudanças de temperatura, precipitação e humidade influenciam a distribuição e a abundância dos mosquitos *Anopheles*, afectando a intensidade e a sazonalidade da transmissão da malária. Os factores climáticos também têm impacto na área geográfica dos parasitas da malária, alterando os seus padrões de transmissão e expondo potencialmente novas populações ao risco de malária.

Estratégias de adaptação e de atenuação: A resposta às alterações climáticas e aos factores ambientais exige uma abordagem multifacetada que combine estratégias de adaptação e de atenuação. As medidas de adaptação incluem o reforço dos sistemas de saúde, a melhoria da vigilância das doenças, a intensificação dos esforços de controlo dos vectores e a implementação de sistemas de alerta precoce para responder às ameaças para a saúde relacionadas com o clima. As estratégias de atenuação centram-se na redução das emissões de gases com efeito de estufa, na promoção de práticas sustentáveis de utilização dos solos e no investimento em fontes de energia renováveis para atenuar os impactos das alterações climáticas na transmissão da malária.

Envolvimento da comunidade e ciências sociais: A integração da investigação das ciências sociais, incluindo a antropologia, a sociologia e os estudos sobre o comportamento da saúde, na investigação sobre o Anopheles é essencial para compreender as interações homem-mosquito, as percepções da comunidade sobre a malária e os factores que influenciam a aceitação e a adesão à intervenção. As abordagens de envolvimento da comunidade, os métodos de investigação participativa e as colaborações interdisciplinares garantirão que as estratégias de controlo da malária sejam contextualmente adequadas e socialmente aceitáveis.

Abordagens "Uma Só Saúde": A adoção de abordagens "Uma Só Saúde" que reconheçam a interconexão da saúde humana, animal e ambiental é essencial para enfrentar desafios complexos no controlo da malária. A integração de conhecimentos especializados de várias disciplinas, incluindo a saúde pública, a medicina veterinária, a ecologia e as ciências ambientais, fomentará abordagens holísticas ao controlo da malária que tenham em conta o contexto socioecológico mais vasto e promovam soluções sustentáveis.

Estratégias de controlo inovadoras: O desenvolvimento e a avaliação de estratégias de controlo inovadoras, tais como novos insecticidas, repelentes, armadilhas e repelentes espaciais, alargarão o conjunto de ferramentas para o controlo e a eliminação da malária. O aproveitamento dos avanços em biotecnologia, nanotecnologia e bioinformática permitirá o desenvolvimento de ferramentas de controlo de vectores da próxima geração que sejam mais seguras, mais eficazes e ambientalmente sustentáveis.

Ao dar prioridade à investigação nestas áreas-chave, os cientistas, os decisores políticos e os profissionais de saúde pública podem fazer avançar a nossa compreensão dos mosquitos *Anopheles* e da transmissão da malária, informar intervenções baseadas em provas e, em última análise, acelerar o progresso no sentido da eliminação e eventual erradicação da malária. Os esforços de colaboração, as abordagens interdisciplinares e o investimento sustentado na investigação são essenciais para enfrentar os desafios em evolução colocados pela malária e fazer avançar os objectivos de saúde global.

Áreas emergentes de investigação sobre a biologia *do Anopheles* e o controlo da malária

A investigação sobre a biologia *de Anopheles* e o controlo da malária continua a evoluir, impulsionada por desafios emergentes, avanços tecnológicos e a necessidade de soluções inovadoras. Eis algumas áreas emergentes de investigação sobre a biologia *do Anopheles* e o controlo da malária:

Estudos genómicos e genéticos: Os avanços na genómica e nas tecnologias genéticas estão a permitir aos investigadores estudar a base genética de caraterísticas relacionadas com a biologia *do Anopheles,* incluindo a resistência aos insecticidas, a competência do vetor e as preferências do hospedeiro. A sequenciação do genoma, os estudos de associação de todo o genoma (GWAS) e as técnicas de edição de genes, como o CRISPR-Cas9, estão a fornecer informações sobre os determinantes genéticos da capacidade de vectorização e da suscetibilidade às intervenções de controlo.

Interações Vetor-Parasita: A compreensão das interações complexas entre os mosquitos *Anopheles* e os parasitas *Plasmodium* é fundamental para o desenvolvimento de estratégias eficazes de controlo da malária. A investigação está centrada na elucidação dos mecanismos moleculares subjacentes às interações vetor-parasita, incluindo o desenvolvimento do parasita no mosquito, as respostas imunitárias no hospedeiro do mosquito e os factores que influenciam a transmissão do parasita aos seres humanos.

Ecologia e comportamento do vetor: Os estudos sobre a ecologia e o comportamento *dos Anopheles* são essenciais para a identificação dos factores ambientais determinantes da transmissão da malária e para o desenvolvimento de intervenções de controlo orientadas. A investigação está a investigar o impacto de factores ambientais como as alterações climáticas, a utilização da terra e a urbanização na abundância, distribuição e capacidade de vectorização dos mosquitos. Os estudos comportamentais examinam o comportamento dos mosquitos na procura de hospedeiros, as preferências de picada e os hábitos de repouso para informar as estratégias de controlo dos vectores.

Gestão da resistência aos insecticidas: Com o aparecimento de resistência aos insecticidas nos mosquitos *Anopheles*, há uma necessidade crescente de investigação sobre os mecanismos de resistência aos insecticidas, técnicas de monitorização e estratégias de controlo alternativas. Os estudos estão a explorar novos insecticidas com diferentes modos de ação, sinergistas de insecticidas e novos mecanismos de distribuição para ultrapassar a resistência e prolongar a eficácia das intervenções de controlo dos vectores.

Gestão Integrada de Vectores (GIV): As abordagens integradas que combinam múltiplas intervenções de controlo de vectores estão a ganhar atenção como estratégias sustentáveis para o controlo da malária. A investigação está a avaliar a eficácia das abordagens de gestão integrada de vectores (IVM), como a combinação de mosquiteiros tratados com inseticida (ITN) com a gestão da fonte larvar (LSM), a gestão ambiental e as intervenções baseadas na comunidade. Os estudos também estão a avaliar o impacto do MIV nas populações de vectores, na transmissão da malária e nos resultados de saúde da comunidade.

Novas tecnologias de controlo: O desenvolvimento e a avaliação de novas tecnologias de controlo são promissores para melhorar os esforços de controlo da malária. A investigação está a explorar ferramentas inovadoras de controlo de vectores, incluindo mosquitos geneticamente modificados, biopesticidas, repelentes espaciais e estratégias de atrair e matar. Os ensaios de campo e a investigação operacional estão a avaliar a viabilidade, segurança e eficácia destas novas intervenções em contextos reais.

Abordagens "Uma Só Saúde": Reconhecendo a interconexão da saúde humana, animal e ambiental, há um interesse crescente nas abordagens "Uma só saúde" para o controlo da malária. A investigação está a examinar o papel da transmissão zoonótica da malária, dos reservatórios animais e dos factores ambientais na epidemiologia da malária. Integrando conhecimentos especializados de várias disciplinas, incluindo a saúde pública, a medicina veterinária, a ecologia e as ciências sociais, as abordagens One Health visam desenvolver soluções holísticas e sustentáveis para o controlo da malária.

Envolvimento da comunidade e ciências sociais: Envolver as comunidades como parceiros activos nos esforços de controlo da malária é essencial para o sucesso do programa. A investigação em ciências sociais, antropologia e estratégias de envolvimento da comunidade estão a explorar os factores que influenciam o comportamento humano, as percepções da comunidade sobre a malária e os obstáculos à aceitação da intervenção. Os estudos estão a avaliar a eficácia da comunicação para a mudança de comportamentos, a mobilização da comunidade e as abordagens participativas na promoção da prevenção da malária e dos comportamentos de procura de tratamento.

Nestas áreas de investigação emergentes, os cientistas e os profissionais de saúde pública podem fazer avançar a nossa compreensão da biologia do Anopheles, da dinâmica da transmissão da malária e das estratégias de controlo, contribuindo em última análise para o esforço global de eliminação da malária. A colaboração, a inovação e as abordagens interdisciplinares são fundamentais para ultrapassar os desafios existentes e alcançar objectivos sustentáveis de controlo e eliminação da malária.

Potenciais avanços e inovações no controlo de vectores

As áreas emergentes de investigação sobre a biologia *dos Anopheiles* e o controlo da malária oferecem pistas promissoras para melhorar a nossa compreensão dos vectores de mosquitos e desenvolver estratégias inovadoras de prevenção e controlo da malária. Eis algumas das principais áreas de investigação e potenciais avanços no controlo dos vectores:

Modificação genética dos mosquitos: As técnicas de engenharia genética, como a CRISPR/Cas9, são promissoras para o desenvolvimento de mosquitos geneticamente modificados com capacidade de vectorização reduzida ou maior suscetibilidade a insecticidas. Abordagens como os sistemas de condução genética têm como objetivo espalhar genes benéficos nas populações de mosquitos para suprimir a transmissão da malária. A investigação nesta área centra-se no desenvolvimento de construções de condução genética seguras e eficazes, na compreensão das implicações ecológicas e na abordagem de considerações regulamentares e éticas.

Agentes de controlo biológico: A exploração da utilização de agentes de controlo biológico, tais como fungos entomopatogénicos, bactérias e parasitas, oferece alternativas ecológicas aos insecticidas químicos. Os biopesticidas que visam as larvas ou os adultos dos mosquitos podem complementar os métodos de controlo de vectores existentes e atenuar o risco de resistência aos insecticidas. A investigação centra-se na identificação de agentes de controlo biológico eficazes, na otimização dos métodos de aplicação e na avaliação do seu impacto nas populações de mosquitos e na transmissão da malária.

Iscas de açúcar tóxicas e atractivas (ATSB): As ATSB são novas ferramentas de controlo de vectores que atraem os mosquitos com iscos de açúcar contendo insecticidas ou reguladores de crescimento de insectos. Ao contrário dos insecticidas tradicionais, os ATSBs visam os comportamentos dos mosquitos que se alimentam de açúcar, tornando-os eficazes contra espécies de mosquitos que repousam ao ar livre e se alimentam de açúcar. A investigação visa otimizar as formulações dos iscos, as misturas de atractivos e as estratégias de aplicação para aumentar a eficácia dos ATSB na redução da transmissão da malária.

Intervenções comportamentais: A compreensão do comportamento dos mosquitos e das preferências de procura de hospedeiros pode servir de base ao desenvolvimento de intervenções inovadoras para perturbar as interações entre mosquitos e seres humanos e reduzir a transmissão da malária. A investigação explora a utilização de repelentes espaciais, armadilhas com odor e iscos de açúcar atractivos e direcionados para desviar os mosquitos dos hospedeiros humanos ou atraí-los para armadilhas letais. As intervenções comportamentais visam complementar os métodos existentes de controlo dos vectores e visam espécies específicas de mosquitos ou comportamentos associados à transmissão da malária.

Manipulação ambiental: A manipulação de factores ambientais, como a modificação do habitat, a gestão da água e a ecologia da paisagem, pode influenciar os habitats de reprodução dos mosquitos e a dinâmica da transmissão da malária. A investigação investiga abordagens ecológicas, como a recuperação de habitats, a gestão de zonas húmidas e a conceção de paisagens, para reduzir os locais de reprodução dos mosquitos e minimizar o contacto entre o homem e o vetor. As estratégias de manipulação ambiental têm por objetivo criar condições inóspitas para os mosquitos e interromper os ciclos de transmissão da malária.

Gestão Integrada de Vectores (IVM): A integração de múltiplas intervenções de controlo de vectores, incluindo abordagens químicas, biológicas, ambientais e comportamentais, através da IVM oferece uma abordagem holística e sustentável ao controlo da malária. A investigação centra-se na otimização das estratégias de MIV, no desenvolvimento de ferramentas de apoio à decisão e na avaliação da eficácia das intervenções integradas em diversos contextos epidemiológicos. Os quadros da MIV promovem a tomada de decisões com base em provas, a gestão adaptativa e o envolvimento da comunidade para melhorar os esforços de controlo dos vectores da malária.

Tecnologias de vigilância: Os avanços nas tecnologias de vigilância, como a deteção remota, os sistemas de informação geográfica (GIS) e a modelação espacial, permitem a monitorização em tempo real das populações de mosquitos e dos pontos críticos de transmissão da malária. A investigação nesta área tem como objetivo desenvolver ferramentas de vigilância inovadoras, algoritmos de modelação preditiva e plataformas de visualização de dados para apoiar intervenções de controlo de vectores orientadas, sistemas de alerta precoce e estratégias de resposta a surtos.

Ao explorar estas áreas emergentes de investigação e os potenciais avanços no controlo de vectores, os cientistas e os profissionais de saúde pública podem desenvolver estratégias e ferramentas inovadoras para combater a transmissão da malária, reduzir o peso da doença e, em última análise, trabalhar para o objetivo da eliminação da malária. A colaboração entre investigadores, decisores políticos e comunidades é essencial para traduzir as descobertas científicas em intervenções eficazes de controlo da malária e para alcançar um impacto sustentado nas regiões onde a malária é endémica.

CAPÍTULO -20

CONCLUSÃO

Em conclusão, a luta contra o paludismo é complexa e multifacetada, exigindo uma abordagem abrangente que aborde factores biológicos, ambientais, sociais e económicos. Nas últimas décadas, registaram-se progressos significativos, com muitos países a registarem reduções substanciais nos casos e mortes por paludismo. No entanto, o objetivo da eliminação da malária continua a ser difícil de alcançar em muitas regiões, e o aparecimento de desafios como a resistência aos medicamentos, a resistência aos insecticidas e as alterações climáticas ameaçam comprometer o progresso.

Apesar destes desafios, há razões para otimismo. Os avanços na investigação científica, na tecnologia e na inovação oferecem novas oportunidades para o controlo e a eliminação da malária. Desde a genómica e a engenharia genética até novas estratégias de controlo de vectores e abordagens integradas, existe uma grande quantidade de ferramentas e intervenções à nossa disposição. Além disso, um maior empenhamento político, financiamento e solidariedade global reforçaram os esforços de combate à malária, abrindo caminho a uma maior colaboração e coordenação entre as partes interessadas.

REFERÊNCIAS

1. Alonso, P., Noor, A. M., & The malERA Consultative Group on Monitoring, Evaluation, and Surveillance (2015). Uma agenda de investigação para a erradicação da malária: monitorização, avaliação e vigilância. PLOS Medicine, 12(1), e1001901.

2. Anderson, R. A., Koella, J. C. & Hurd, H. The effect of Plasmodium yoelii nigeriensis infection on the feeding persistence of Anopheles stephensi Liston throughout the sporogonic cycle. Proc. Biol. Sci. 266, 1729-1733 (1999).

3. Belachew, E. B. Resposta imunitária e mecanismos de evasão dos parasitas Plasmodium falciparum. J. Immunol. Res. 6529681, 2018

4. Bhatt, S., Weiss, D. J., Cameron, E., Bisanzio, D., Mappin, B., Dalrymple, U., & Moyes, C. L. (2015). O efeito do controlo da malária no Plasmodium falciparum em África entre 2000 e 2015. Nature, 526(7572), 207-211.

5. Ferguson, H. M. & Read, A. F. Mosquito appetite for blood is stimulated by Plasmodium chabaudi infections in themselves and their vertebrate hosts. Malaria J. 3, 3-12 (2004).

6. Gething, P. W., Casey, D. C., Weiss, D. J., Bisanzio, D., Bhatt, S., Cameron, E., & Moyes, C. L. (2016). Mapeamento da mortalidade por Plasmodium falciparum em África entre 1990 e 2015. New England Journal of Medicine, 375(25), 2435-2445.

7. Greenwood, B., & Mutabingwa, T. (2002). Malaria in 2002. Nature, 415(6872), 670-672.

8. Lacroix, R., Mukabana, W. R., Gouagna, L. C. & Koella, J. C. A infeção por malária aumenta a atração dos seres humanos pelos mosquitos. PLoS Biol. 3, e298 (2005).

9. Malaria and Rome: A History of Malaria in Ancient Italy" de Robert Sallares (Oxford University Press, 2002) - Este trabalho académico fornece uma análise detalhada do impacto da malária na sociedade romana antiga, com base em provas históricas, arqueológicas e epidemiológicas.

10. Malaria: Poverty, Race, and Public Health in the United States" de Margaret Humphreys (Johns Hopkins University Press, 2001) - Este livro examina a relação histórica entre a malária, a pobreza e a raça nos Estados Unidos, em particular durante o século XIX e o início do século XX.

11. Mosquito Empires: Ecology and War in the Greater Caribbean, 1620-1914" de J.R. McNeill (Cambridge University Press, 2010) - Embora não se centre apenas na malária,

este livro examina os factores ecológicos e históricos que moldaram a propagação de doenças transmitidas por mosquitos, incluindo a malária, na região das Caraíbas.

12. Olliaro, P. A mortalidade associada à malária grave causada pelo Plasmodium falciparum aumenta com a idade. Clin. Infect. Dis. 47, 158-160 (2008).

13. Sato, S. Plasmodium - uma breve introdução aos parasitas que causam a malária humana e à sua biologia básica. J. Physiol. Anthropol. 40, 1 (2021).

14. Stanczyk, N. M., Mescher, M. C. & De Moraes, C. M. Effects of malaria infection on mosquito olfaction and behavior: extrapolating data to the field. Curr. Opin. Insect Sci. 20, 7-12.

15. The Fever Trail: In Search of the Cure for Malaria" de Mark Honigsbaum (Farrar, Straus and Giroux, 2001) - Este livro acompanha a busca histórica para compreender e combater a malária, explorando as contribuições de cientistas, médicos e exploradores ao longo da história.

16. The Making of a Tropical Disease: A Short History of Malaria" de Randall M. Packard (Johns Hopkins University Press, 2007) - Este livro oferece uma exploração aprofundada da história da malária, traçando o seu impacto nas sociedades humanas desde os tempos antigos até aos dias de hoje.

17. Organização Mundial de Saúde. (2021). Malaria eradication: benefits, future scenarios and feasibility [Erradicação da malária: benefícios, cenários futuros e viabilidade]. Genebra: Organização Mundial da Saúde. Recuperado de https://www.who.int/publications/i/item/9789240030491.

I want morebooks!

Buy your books fast and straightforward online - at one of world's fastest growing online book stores! Environmentally sound due to Print-on-Demand technologies.

Buy your books online at
www.morebooks.shop

Compre os seus livros mais rápido e diretamente na internet, em uma das livrarias on-line com o maior crescimento no mundo! Produção que protege o meio ambiente através das tecnologias de impressão sob demanda.

Compre os seus livros on-line em
www.morebooks.shop

Printed by Books on Demand GmbH, Norderstedt / Germany